AF401966

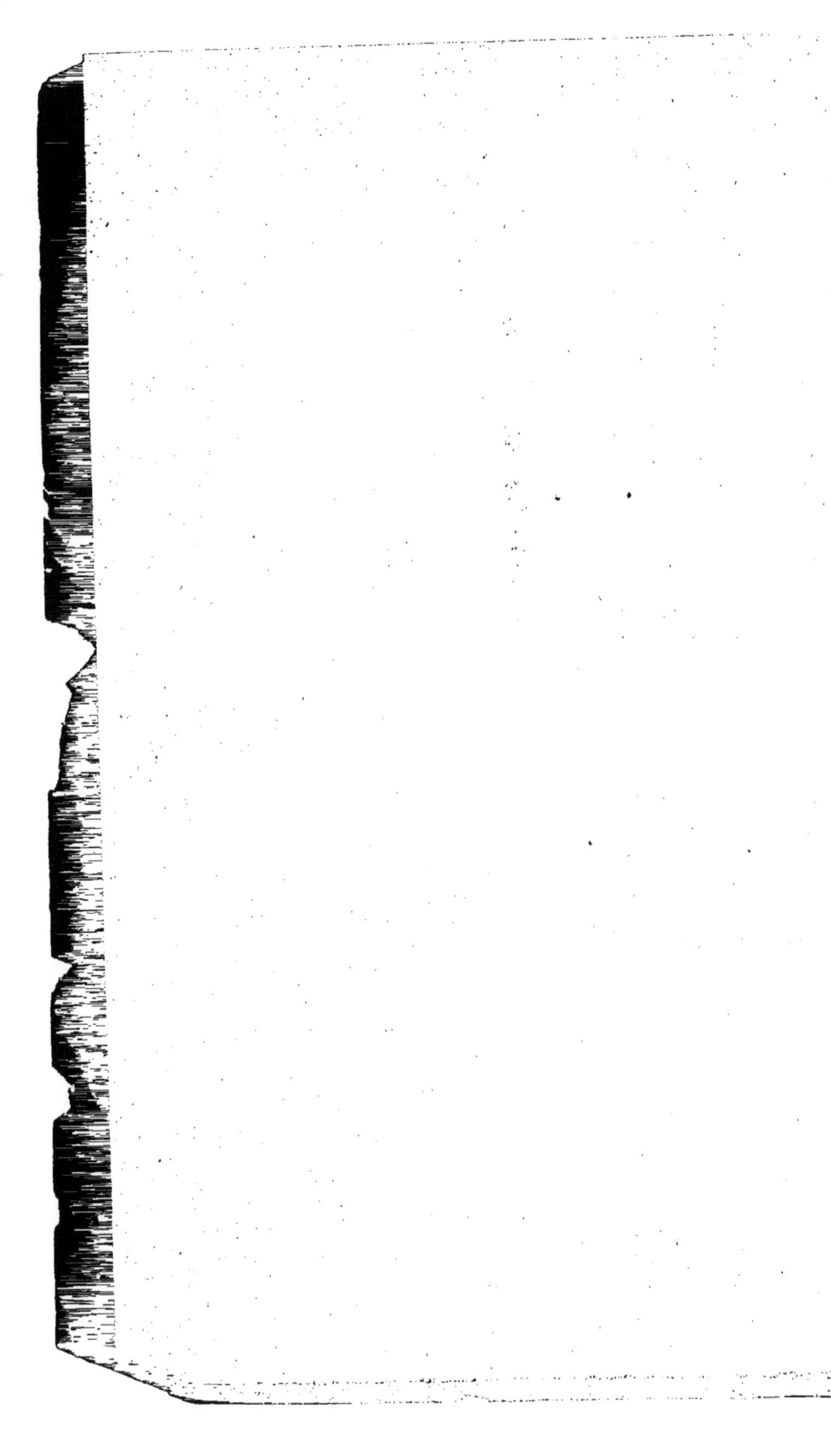

RÉPERTOIRE SPHAGNOLOGIQUE

CATALOGUE ALPHABÉTIQUE

DE TOUTES LES ESPÈCES ET VARIÉTÉS DU GENRE

SPHAGNUM

AVEC LA SYNONYMIE, LA BIBLIOGRAPHIE ET LA DISTRIBUTION

GÉOGRAPHIQUE,

D'APRÈS LES TRAVAUX LES PLUS RÉCENTS

PAR

Jules CARDOT

LAURÉAT DE L'INSTITUT (ACADÉMIE DES SCIENCES)

AUTUN

IMPRIMERIE DEJUSSIEU PÈRE ET FILS

1897

EXTRAIT DU BULLETIN DE LA SOCIÉTÉ D'HISTOIRE NATURELLE D'AUTUN,
TOME DIXIÈME (ANNÉE 1897)

RÉPERTOIRE SPHAGNOLOGIQUE

CATALOGUE ALPHABÉTIQUE
DE TOUTES LES ESPÈCES ET VARIÉTÉS DU GENRE

SPHAGNUM

AVEC LA SYNONYMIE, LA BIBLIOGRAPHIE ET LA DISTRIBUTION
GÉOGRAPHIQUE,

D'APRÈS LES TRAVAUX LES PLUS RÉCENTS

PAR

Jules CARDOT

AVERTISSEMENT

Depuis une quinzaine d'années, aucun genre en bryologie n'a été l'objet de travaux aussi nombreux que le genre *Sphagnum*. Toute une pléiade de bryologues de mérite en ont fait tour à tour le sujet de leurs études et lui ont consacré d'importants mémoires. Au premier rang de ces travaux, il convient de citer surtout les patientes recherches de MM. Warnstorf et Russow, qui ont, pour ainsi dire, révolutionné l'étude de ce groupe de végétaux, si curieux, si nettement délimité, et dont le rôle dans l'économie générale de la nature est des plus considérables.

Les récents travaux dont ces plantes ont été l'objet ont eu pour résultat, tout en faisant connaître avec plus de précision leur structure anatomique si élégante, d'augmenter considérablement le nombre des espèces. Alors que Jäger et Sauerbeck, dans l'*Adumbratio Floræ Muscorum*

(1871-1879) en mentionnent seulement 82, ce chiffre se trouve actuellement porté à plus de 200, bien qu'une vingtaine des espèces citées dans l'*Adumbratio* aient été réduites au rang de synonymes.

Malheureusement, plus encore pour les Sphaignes que pour tout autre genre, les auteurs se trouvent en complet désaccord sur la valeur des caractères employés pour la distinction des espèces, et, par suite, sur la délimitation des types spécifiques. La plupart des anciennes espèces ont été démembrées, mais dans un sens différent pour chaque auteur. Il en résulte que la synonymie de ce genre est devenue très compliquée et fort confuse.

Il est vivement à souhaiter que M. Warnstorf se décide à publier, sous forme d'une Monographie, le résultat de ses patientes études. Mais en attendant la publication d'un tel travail, j'ai pensé qu'il serait utile aux bryologues de posséder au moins un Catalogue de toutes les Sphaignes actuellement connues, avec la synonymie et la bibliographie de chaque espèce.

J'ai adopté pour ce Catalogue l'ordre alphabétique, le seul que l'on puisse employer pratiquement pour un semblable ouvrage ; mais j'indique, à la suite du nom de chaque espèce, le groupe naturel dont elle fait partie. Je donne ensuite, par ordre chronologique, la bibliographie et la synonymie de l'espèce. Tous les synonymes se retrouvent également à leur place alphabétique, avec la date de leur création.

Bien que ne partageant pas entièrement les idées de M. Warnstorf sur la question de l'espèce, j'ai cependant pris sa nomenclature pour base de mon travail. Je ne m'en suis écarté que dans quelques cas, et, chaque fois que j'ai dû le faire, j'ai exposé les raisons qui m'y ont déterminé. [1]

---

1. J'admets trois sections de plus que M. Warnstorf : les *Macrophylla*, les *Sericca* et les *Mollusca*, que le célèbre sphagnologue allemand ne sépare pas des *Cuspidata*.

Je donne l'énumération des variétés attribuées à chaque espèce par les différents auteurs ; mais j'ai cru pouvoir négliger les formes et sous-formes, qui n'offrent qu'un intérêt bien secondaire, et dont le nombre, avec la nouvelle nomenclature proposée par M. Russow [1], est à peu près illimité.

Les espèces dont le nom est précédé d'un astérisque sont celles qui n'ont pas encore été étudiées par M. Warnstorf, et dont, par suite, la valeur et la place dans la classification restent douteuses.

Le présent Catalogue renferme l'indication de 215 espèces, de près de 600 variétés, de plus de 500 synonymes et environ 2000 citations bibliographiques.

Je ne puis terminer ces quelques lignes de préface sans témoigner à M. C. Warnstorf ma vive reconnaissance pour les nombreux renseignements inédits qu'il a bien voulu me communiquer.

Stenay, 22 octobre 1896.

1. Cfr. Russow, Ueber den Begriff « Art » bei den Torfmoosen (*Sitzungsber. der Dorpat. Naturforsch.-Gesellsch.*, 1888.)

BIBLIOGRAPHIE DU GENRE SPHAGNUM

DE 1880 A 1896.[1]

1880. — **R. Braithwaite.** The Sphagnaceae or peat-mosses of Europe and North America.

» **C. Warnstorf.** Sphagnum Austini Sulliv., ein neues Torfmoos für Mitteleuropa (Bot. Centralbl., 1880, n° 40).

1881. — **C. Warnstorf.** Die europäischen Torfmoose. Eine Kritik und Beschreibung derselben.[2]

» **C. Warnstorf.** Ueber das Reproductionsvermögen der Sphagna (Bot. Centralbl., 1881, n° 46).

1881-1882. — **Limpricht.** Zur Systematik der Torfmoose (Bot. Centralbl., 1881 et 1882).

1882. — **S.-O. Lindberg.** Sphagnum sedoides found in Europe (Revue bryologique, 1882, n° 1, pp. 1 et 14).

» **S.-O. Lindberg.** Europas och Nord Amerikas hvitmossor (Sphagna).

» **T. Husnot.** Sphagnologia europaea. Descriptions et figures des Sphaignes de l'Europe.

1. Je ne comprends dans cette liste que les travaux spécialement consacrés au genre *Sphagnum* et les principaux ouvrages descriptifs dans lesquels ce genre est traité, laissant de côté les nombreux catalogues de flores locales ou régionales qui renferment presque tous un nombre plus ou moins considérable de Sphaignes, et dont l'énumération nous entraînerait trop loin, sans offrir grand intérêt.

2. Une traduction française de cet ouvrage a été publiée dans la *Revue de botanique,* t. VI (1887-1888), par M. l'abbé A. Letacq, sous ce titre : *les Sphaignes d'Europe. Etude critique et description de ces végétaux.* Il a été fait un tirage à part de cette traduction.

1882. — **K. Schliephacke.** Die Torfmoose der Thüringischen Flora (Irmischia, II, 1882).

»   **C. Warnstorf.** Die Torfmoose in königlichen bota-
nischen Museum zu Berlin (Bot. Centralbl. 1882,
n°[s] 3 à 5).

»   **C. Warnstorf.** Neue deutsche Sphagnumformen
(Flora, 1882, n° 13).

»   **C. Warnstorf.** Einige neue Sphagnumformen
(Flora, 1882, n° 29).

»   **C. Warnstorf.** Die Sphagnumformen der Umge-
gend von Bassum in Hannover (Flora, 1882, n° 35).

1883. — **C. Warnstorf.** Die Torfmoose des v. Flotow'schen
Herbarium im königl. bot. Museum in Berlin (Flora,
1883, n° 24).

»   **C. Jensen.** Analoge variationer hos Sphagna-
ceerne (Botanisk Tidsskrift., XIII, 1883). [1]

»   **C. Jensen.** Varietates novae Sphagnorum (Pflan-
zenkatalog der bot. Ges. zu Kopenhagen).

»   **J. Dëdëceck.** Sphagna bohemica (Verh. d. königl.
böhm. Ges. d. Wissensch. 1883).

»   **J. Cardot.** Découverte du Sphagnum Austini
Sulliv. dans le département des Ardennes (Bull. de la
Soc. royale de Bot. de Belg., t. XXII, 2ᵉ partie, p. 91).

»   **F. Renauld.** Les Sphagnum des Pyrénées (Rev.
bryol., 1883, n° 6, p. 97).

1884. — **C. Warnstof.** Sphagnum Guyoni nov. sp. (Deutsche botanische Monatsschrift, 1884, n° 2).

»   **L. Lesquereux et Th. P. James.** Manual of the
Mosses of North America.

»   **J. Röll.** Die Torfmoose der Thüringischen Flora
(Irmischia, IV, 1884).

---

1. M. F. Gravet a donné une traduction française de ce mémoire
dans la *Revue bryologique*, 1887, n° 3 *(les Variations analogues
dans les Sphagnacées)*.

1884. — **C. Warnstorf.** Neue europäische Sphagnumformen (Hedwigia, 1884, n°s 7 et 8).

»   **C. Warnstorf.** Sphagnologische Rückblicke (Flora, 1884).

»   **J. Cardot.** Notes sphagnologiques. Descriptions de quelques variétés nouvelles (Revue bryol., 1884, n° 4).

»   **T. Husnot.** Les spores des Sphaignes (Revue bryol., 1884, n° 4).

1885. — **F. Renauld et J. Cardot.** Notice sur quelques mousses de l'Amérique du Nord (Revue bryol., 1885, n° 3).

1885-1886. — **G. Limpricht.** Die Laubmoose (in Rabenhorst's Kryptogamen-Flora von Deutschland, Oesterreich und der Schweiz). Livr. 2 et 3.

»   **J. Röll.** Zur Systematik der Torfmoose (Flora, 1885 et 1886).

1886. — **J. Cardot.** Les Sphaignes d'Europe. Revision critique des espèces et étude de leurs variations (Bull. de la Soc. royale de Bot. de Belg., t. XXV, 1re partie).

»   **C. Warnstorf.** Die Schimper'schen Mikrosporen der Sphagna (Hedwigia, 1886).

»   **C. Warstorf.** Zwei Artentypen der Sphagna aus der Acutifoliumgruppe (Hedwigia, 1886).

1887. — **K.-F. Dusén.** On Sphagnaceernas Utbredning i Skandinavien. En växtgeografisk Studie.

»   **E. Russow.** Ueber den gegenwärtigen Stand seiner seit dem Frühling 1886 wieder aufgenommenen Studien an den einheimischen Torfmoosen (Sitzungsberichten der Dorpater Naturforscher-Gesellschaft, 1887, p. 305).

»   **E. Russow.** Zur Anatomie resp. physiologischen und vergleichenden Anatomie der Torfmoose (Schriften herausgegeben von der Naturforscher-Gesellschaft bei der Universität Dorpat, III).

1887. — **C. Müller.** Sphagnorum novorum descriptio (Flora, 1887, nᵒˢ 26 et 27).

  »   **J. Cardot.** Revision des Sphaignes de l'Amérique du Nord (Bull. de la Soc. royale de Bot. de Belg., t. XXVI, 1ʳᵉ partie).

1888. — **C. Warnstorf.** Die Acutifoliumgruppe der europäischen Torfmoose. Ein Beitrag zur Kenntniss der Sphagna (Abhandlungen der Bot. Vereins der Prov. Brandenburg, XXX).

  »   **C. Warnstorf.** Revision der Sphagna in der Bryotheca europaea von Rabenhorst und in einigen älteren Sammlungen (Hedwigia, 1888).

  »   **J. Röll.** « Artentypen » und « Formenreihen » bei den Torfmoosen (Bot. Centralbl., 1888, nᵒ 23-26).

  »   **E. Russow.** Ueber den Begriff « Art » bei den Torfmoosen (Sitzungsberichten der Dorpater Naturforscher-Gesellschaft, 1888, p. 413).[1]

  »   **K.-F. Dusén.** Ueber einige Sphagnum-Proben aus der Tiefe südschwedischer Torfmoore (Bot. Centralbl., 1888).

  »   **E. Delamare, F. Renauld et J. Cardot.** Florule de l'île de Miquelon.

1889. — **C. Warnstorf.** Ueber das Verhältniss zwischen Sphagnum imbricatum (Hornsch.) Russ., Sph. portoricense Hampe und Sph. Herminieri Schpr. (Hedwigia, 1889, nᵒ 5).

  »   **C. Warnstorf.** Welche Stellung in der Cymbifoliumgruppe nimmt das Sphagnum affine Ren. et Card. in Rev. bryol. Jahrg. 1885, p. 44 ein? (Hedwigia, 1889, nᵒ 6).

---

1. M. Gravet a publié une traduction française de ce mémoire dans la *Revue bryologique*, 1891, nᵒ 5 (*Sur l'idée d'espèce dans les Sphaignes*).

J. C.   2

1889. — **C. Warnstorf.** Sphagnum degenerans var. immersum, ein neues europäisches Torfmoos (Bot. Centralbl., 1889, n° 17).

»   **C. Warnstorf.** Sphagnum crassicladum Warnst., ein neues Torfmoos für Europa aus der Subsecundumgruppe (Bot. Centralbl., 1889, n° 45).

»   **J. Röll.** Ueber die Warnstorf'sche Acutifoliumgruppe der europäischen Torfmoose (Bot. Centralbl., 1889, n° 21).

»   **J. Röll.** Die Torfmoos-Systematik und die Descendez-Theorie (Bot. Centralbl., 1889, n° 37-38).

»   **E. Russow.** Sphagnologische Studien (Sitzungsberichten der Dorpater Naturforscher-Gesellschaft, 1889, p. 94).

»   **E. Russow.** Zur Abwehr (Bot. Centralbl., 1889, n° 52).

»   **F. Gravet.** Sur la couleur des Sphaignes (Revue bryol., 1889, n° 3).

1890. — **C. Warnstorf.** Die Cuspidatumgruppe der europäischen Sphagna. Ein Beitrag zur Kenntnnis der Torfmoose (Abhandlungen des bot. Vereins der Prov. Brandenburg, XXXII).

»   **C. Warnstorf.** Nachträgliche Notiz zu : Ueber das Verhältniss zwischen Sph. imbricatum (Hornsch.), Sph. portoricense Hpe und Sph. Herminieri Schpr. in Hedw. 1889, p. 303 (Hedwigia, 1890, n° 2).

»   **C. Warnstorf.** Contributions to the knowledge of the North American sphagna (Bot. Gazette, XV).

»   **J. Röll.** Ueber die Veränderlichkeit der Stengelblätter bei den Torfmoosen (Bot. Centralbl., 1890, n° 8-9).

»   **C. Jensen.** De danske Sphagnum-Arter (Bot. Forenings Festskrift, 1890).

»   **S. Nawaschin.** Was sind eigentlich die sogenannten Mikrosporen der Torfmoose? (Bot. Centralbl., 1890, n° 35). [1]

1890-1891. — **C. Warnstorf.** Beiträge zur Kenntniss exotischer Sphagna (Hedwigia, 1890, n°ˢ 4 et 5, 1891, n°ˢ 1 et 3).

1891. — **J. Röll.** Vorläufige Mittheilungen über die von mir im Jahre 1888 in Nord-Amerika gesammelten neuen Varietäten und Formen der Torfmoose (Bot. Centralbl., 1891, n° 21-22).

» **Venturi.** Les Sphaignes européennes d'après Warnstorf et Russow (Revue bryol., 1891, n°ˢ 2, 4, 5 et 6).

» **Fr. Ortloff.** Die Stammblätter von Sphagnum, microphotographische nach der Natur aufgenommen. 66 Lichtdruckbilder mit Text.

1892. — **C. Warnstorf.** Einige neue exotische Sphagna (Hedwigia, 1892, n° 4).

1893. — **C. Warnstorf.** Beiträge zur Kenntniss exotischer Sphagna (Hedwigia, 1893, n° 1).

» **J. Röll.** Nordamerikanische Laubmoose, Torfmoose und Lebermoose gesammelt von Dr Julius Röll in Darmstadt. — B. Torfmoose, auct. J. Röll (Hedwigia, 1893, n° 4).

1894. **E. Russow.** Zur Kenntniss der Subsecundum und Cymbifoliumgruppe europäischer Torfmoose, nebst einem Anhang enthaltend eine Aufzählung der bisher im Ostbalticum beobachteten Sphagnum-Arten und eine Schlüssel zur Bestimmung dieser Arten (Archiv für die Naturkunde Liv., Ehst. und Kurlands. Zweite serie, Bd. X, Lfg. 4).

---

1. D'après l'auteur, les prétendues microspores des Sphaignes seraient des spores d'une Ustilaginée du genre *Tilletia*, qu'il nomme provisoirement *T. Sphagni* n. sp.

1894. — **C. Warnstorf.** Characteristik und Uebersicht der
nord-, mittel- und südamerikanischen Torfmoose
nach dem heutigen Standpunkte der Sphagnologie
(1893) (Hedwigia, 1894).

» **C. Warnstorf.** Cryptogamae centrali-americanae
in Guatemala, Costa-Rica, Columbia et Ecuador a
cl. F. Lehmann lectae. Sphagnaceae, auct. C. Warnstorf (Bull. de l'Herbier Boissier, t. II, n° 6).

1895. — **C. Warnstorf.** Beiträge zur Kentniss exotischer
Sphagna (Allgemeine botanische Zeitschrift für Systematik, Floristik, Pflanzengeographie, etc., 1895,
n°s 5, 6, 7-8, 9, 10, 11, 12).

1896. — **H.-W. Arnell et C. Jensen.** Ein bryologischer
Ausflug nach Täsjö (Bihang Till K. Svenska Vet.
Akad. Handlingar, Bd. 21, Afd. III, n° 10).

» **E. Bureau et F. Camus.** Les Sphaignes de Bretagne. Catalogue des espèces et variétés trouvées
dans cette région, avec figures, descriptions et
tableaux analytiques étendus à toutes les espèces
françaises du genre Sphagnum (Bull. de la Soc. des
sc. nat. de l'Ouest de la France, t. VI). (En cours de
publication).

A

1. aciphyllum C. Müll. (1887). — (*Acutifolia*).

1887. *aciphyllum* C. Müll. Sph. nov. descript., in *Flora*,
1887, p. 419.

1890. *aciphyllum* Warnst. Beitr. zur Kenntn. exot. Sph., in
Hedwigia, 1890, p. 202, pl. IV, fig. 10ᵃ, 10ᵇ, pl. VII,
fig. 11.

1894. *aciphyllum* Warnst. Characteristik und Uebers., etc.,
in *Hedwigia*, 1894, p. 309.

Distrib. — AMÉRIQUE DU SUD. Brésil (Glaziou, n° 15805) ;
Sᵃ Catharina (Odebrecht, Ule).

Aconiense De Not. (   ). — squarrosum *Pers.*
aculeatum Warnst. (1882). — tumidulum *Besch.*

2. acutifolioides Warnst. (1890). — (*Acutifolia*).

1890. *acutifolioides* Warnst. Beitr. zur Kenntn. exot. Sph.,
in *Hedwigia*, 1890, p. 192, pl. IV, fig. 4ᵃ, 4ᵇ, pl. VII,
fig. 16.

Distrib. — ASIE. Assam (herb. Mitten).

3. acutifolium (Ehrh., 1788) Russ. et Warnst. (1888). —
(*Acutifolia*).

1753. *palustre β* Linn. Sp. pl. ed. 1, II, p. 1106, *ex parte.*

1770.   — var. *capillaceum* Weiss. Pl. crypt. Fl. gott.,
p. 265, *ex parte.*

1772. *nemoreum* Scop. Fl. carn. ed. 2, II, p. 305 (teste
Lindberg), *ex parte.*

1780. *palustre capillifolium* Ehrh. in *Hannov. Mag.*, 1780,
p. 35, *ex parte.*

1782. *capillifolium* Hedw. Fundam. II, p. 86, *ex parte.*

1786. *alpinum* Ruel. apud Gatter. Anleit. Harz, II, p. 239
(teste Lindberg, Eur. och N. Am. hvitmoss., p. 53).

1788. *acutifolium* Ehrh. Pl. crypt. exsicc., n° 72, *ex parte.*

1792. *deflexum* Gilib. Suppl. syst., p. 561, *ex parte* (teste
Lindberg., loc. cit.).

1796. *intermedium var.* Hoffm. Deutschl. Fl., II, p. 22.

1798. *palustre* var. *intermedium* Liljebl. Svensk. Fl. ed. 2,
p. 393, *ex parte* (teste Lindberg, loc. cit.).

1799. *capillaceum* Sw. Musc. frond. suec., p. 18, *ex parte.*

1800. *intermedium* var. *compactum* Roth, Tent. Fl. germ. III,
p. 120, *ex parte* (teste Lindberg).

1806. *subulatum* Brid. Sp. Musc. I, p. 19, *ex parte.*

» *pentastichum* Brid. loc. cit. *ex parte* (teste Braithwaite, The Sphagn., p. 67).

1824. *capillifolioides* Breut. in *Bot. Zeit.,*
1824, p. 438, *ex parte.*

» *Aschenbachianum* Breut. loc. cit.,
p. 439, *ex parte.*

(Teste Lindberg).

1849. *acutifolium* C. Müll. Syn. I, p. 96, *ex parte.*

1858. *acutifolium* Sch. Hist. nat. des Sphaignes, p. 62,
pl. XIII et XIV, *ex parte.*

» *acutifolium* Sch. Entw.-Gesch. der Torfm., p. 56,
pl. XIII et XIV, *ex parte.*

1865. *acutifolium* Russ. Beitr. zur Kenntn. der Torfm.,
p. 37, *ex parte.*

1876. *acutifolium* Sch. Syn. Musc. europ. ed. 2, p. 825,
ex parte.

1880. *acutifolium* Braithw. The Sphagn., p. 66, pl. XVIII
à XXI, *ex parte.*

1881. *acutifolium* Warnst. Die europ. Torfm., p. 39, *ex
parte.*

1882. *acutifolium* Husnot, Sphagnol. europ., p. 12, *ex parte.*

» *nemoreum* Lindb. Eur. och N. Amer. hvitmoss.,
p. 52, *ex parte.*

1884. *acutifolium* Lesq. et Jam. Man. of the Moss. of N.
Am., p. 13, *ex parte.*

» *acutifolium* Warnst. Sphagnol. Rückbl., in *Flora,*
1884, *ex parte.*

1884. *acutiforme* Schlieph. et Warnst. apud Warnst. Sphagnol. Rückbl., in *Flora*, 1884, *ex parte*.

1885. *acutifolium* Limpr. Laubm. I, p. 112, *ex parte*.

1886. *acutifolium* Röll, System. der Torfm., in *Flora*, 1886,
ex parte.

» *Schimperi* Röll, loc. cit., *ex parte*.

» *Schliephackeanum* Röll, loc. cit.

» *Warnstorfii* Röll, loc. cit., *ex parte*.

» *Wilsoni* Röll, loc. cit., *ex parte*.

» *acutifolium (species primaria)* Card. Sph. d'Eur., in
Bull. de la Soc. royale de Bot. de Belg., t. XXV, part. I,
p. 80 (64), *ex parte*.

1887. *nemoreum* Dusén, On Sphagn. Utbredn. Skand, pp. 30
et 89, *ex parte*.

» *acutifolium (species primaria)* Card. Rév. des Sph.
de l'Am. du Nord, in *Bull. de la Soc. royale de Bot. de
Belg.*, t. XXVI, part. I, p. 53 (15), *ex parte*.

» *diblastum* C. Müll. Sph. nov. descript., in *Flora*, 1887,
p. 416 (teste Warnstorf, in *Hedwigia*, 1890, p. 208).

1888. *acutifolium* Russ. et Warnst., apud Warnst. Die
Acutifoliumgruppe der europ. Torfm., in *Bot. Ver. der
Prov. Brandenb.* XXX, p. 112, pl. III, fig. 8^a, 8^b, pl. IV,
fig. 20$^{a, b, c, d, e}$, 21.

1889. *campicolum* C. Müll. in litt. (teste Warnstorf, in
Hedwigia, 1890, p. 208).

1890. *acutifolium* Warnst. Contrib. to the knowl. of the
N. Am. Sph., in *Bot. Gaz.*, XV, p. 191.

» *acutifolium* Jens. De danske Sph.-Art., in *Bot. Foren.
Festskr.*, 1890, p. 86 (37), pl. 1, fig. 12.

1891. *acutifolium* Venturi, Les Sph. europ., in *Rev. bryol.*,
1891, n° 4, p. 60.

1894. *acutifolium* Russow, Zur Kenntniss, etc., pp. 149
et 164.

» *acutifolium* Warnst. Characteristik und Uebers. etc.,
in *Hedwigia*, 1894, p. 311.

Distrib. — EUROPE : plaines et montagnes, dans toute la
zone moyenne et septentrionale. Descend dans la région
méditerranéenne, en Corse et en Italie. Indiqué au
Spitzberg par Berggren. — ASIE. Lindberg (*Contrib. ad
Fl. crypt. As. bor.*) indique un *S. acutifolium* dans l'ile de
Sagchalin (Glehn) et en Sibérie, à la baie de Castries
(Maximowicz). M. Bescherelle (*Nouv. documents pour la
Fl. bryol. du Japon*) en signale un dans le Nippon central
(Savatier), mais l'un au moins des n[os] cités appartient au
S. subacutifolium Sch. M. Arnell (*in litt.*) signale égale-
ment le *S. acutifolium* dans les vallées de l'Obi et de
l'Iéniséi; mais, de même que pour la Sphaigne indiquée
par Lindberg, j'ignore s'il s'agit de formes appartenant
au *S. acutifolium* tel qu'il est actuellement délimité par
MM. Russow et Warnstorf. — AFRIQUE. Açores : Fayal
(Godman) ; Terceira (Trelease). — AMÉRIQUE DU NORD :
aussi largement répandu qu'en Europe. — AMÉRIQUE DU
SUD. Brésil : S[a] Catharina (Ule ; *S. campicolum* C. Müll.).
République Argentine : la Plata (Dr Spegazzini),
Montevideo (prof. Arechavaleta ; *S. diblastum* C. Müll.).[1]
Bolivie : la Paz, Yungas (Rusby). [2]

Variétés.

albescens *Schliep.* apud Warnst., in *Flora,* 1882, n° 13.
alpinum *Milde,* Bryol. siles., p. 382. (Syn. : var. *condensatum* Sch.
    mss. in herb. Braun; var. *strictum* Warnst. Die europ. Torfm.,
    p. 52 ; var. *subulatum* (Brid.) Röll, in *Flora,* 1886).
atroviride *Schlieph.* apud Röll, in *Irmischia,* 1884.
capitatum *Angstr.* ; Röll, in *Irmischia,* 1884.
Cardotii *Warnst.* in litt. ; Card. Sph. d'Eur.

    1. Au sujet des *S. diblastum* et *campicolum,* voir Warnstorf,
Beiträge, in *Hedwigia,* 1890, pp. 208-209.
    2. M. Mitten, (*Musci austr.-amer.,* p. 625) indique aussi un *S. acu-
tifolium* dans les Andes de Bogota, et Hooker (*Handb. N. Zeal. Fl.,*
p. 402), en a signalé un à l'ile Chatam ; mais j'ignore si ces formes
se rapportent au *S. acutifolium* Russ. et Warnst.

chlorinum *Warnst.* Europ. Torfm., n° 75.

coloratum *Röll*, in *Bot. Centralbl.*, 1891, n° 21-22.

condensatum Sch. — var. alpinum *Milde.*

confertum *Aust.* ; Lesq. et Jam., Man. of the Moss. of N. Am.,
    p. 13. — Quid ? An revera *S. acutifolii* Russ. et Warnst. ?

congestum *Grav.* apud Warnst. Die europ. Torfm., p. 54.

cruentum *Röll*, in *Flora*, 1886.

deflexum *Sch.* Hist. nat. des Sph., p. 63, pl. XIII, fig. β.

densum *Warnst.* in *Hedwigia*, 1884, n° 7-8.

elegans *Braithw.* The Sphagn., p. 72.

flavescens *Warnst.* in *Bot. Ver. der Prov. Brand.* XXX, p. 114.

flavo-rubellum *Warnst.* in *Bot. Gaz.* XV, p. 193.

fusco-virescens *Warnst.* Die europ. Torfm., p. 49.

fuscum *Röll*, in *Bot. Centralbl.*, 1891, n° 21-22 (non Sch.).

gracile *Röll*, in *Flora*, 1886 (non Russ.). — (Cfr. *Bot. Centralbl.*,
    1891, n° 21-22.)

griseum *Warnst.* in *Bot. Ver. der Prov. Brand.*, XXX, p. 114.

immersum *Schlieph.* apud Röll, in *Irmischia*, 1884, et Warnst. in
    Hedwigia, 1884, n° 7-8.

intermedium *Aust.*; Lesq. et Jam., Man. of the Moss. of N. Am., p. 13.
    — Quid ? An revera *S. acutifolii* Russ. et Warnst. ?

leptocladum *Limpr.* Laubm. 1, p. 113.

obscurum *Warnst.* in *Bot. Ver. der Prov. Brand.*, XXX, p. 114.

pallescens *Warnst.* loc. cit.

patulum *Sch.* Syn. Musc. europ. ed. 2, p. 826.

pseudo-Schimperi *Warnst.* in *Hedwigia*, 1884, n° 7-8. (Sub *S. acuti-
    formi*).

pulchellum *Warnst.* loc. cit.

purpurascens *Warnst.* in *Hedwigia*, 1888, p. 274.

purpureum *Sch.* Hist. nat. des Sph., p. 64, pl. XIII, fig. δ. (Syn. : var.
    rubrum Brid. in herb. Cfr. Warnst., in *Bot. Centralbl.*, 1882, n° 3-5).

pycnocladum *Schlieph.* apud Röll, in *Irmischia*, 1884.

robustum *Aust.*, Lesq. et Jam. Man. of the Moss. of N. Am., p. 13. —
    Quid ? An revera *S. acutifolii* Russ. et Warnst. ?

rubrum Brid. — var. purpureum *Sch.*

sanguineum *Sendtn.* mss. in herb. Flotow ; Warnst., in *Flora*, 1883,
    n° 24.

Schlotthaueri *Röll*, in *Bot. Centralbl.*, 1891, n° 21-22.

secundum *Warnst.* Die europ. Torfm., p. 43.

Schimperi *Warnst.* loc. cit., p. 51.

Schliephackeanum *Warnst.*, in *Flora*, 1882, n° 29.

speciosum *Warnst.* in litt.; Card. Sph. d'Eur.

strictum Warnst. — var. alpinum *Milde.*

subulatum (Brid.) Röll. — var. alpinum *Milde.*

versicolor *Warnst.* in *Bot. Ver. der Prov. Brand.*, XXX, p. 114.

Villardi *Röll.* in *Bot. Centralbl.*, 1891, n° 21-22.

virescens Warnst. — var. viride *Warnst.*

viride *Warnst.* in *Bot. Ver. der Prov. Brand.*, XXX, p. 114. (Syn. :
var. *virescens* Warnst. Europ. Torfm., n° 73.)

acutifolium

Besch. (1893). — subacutifolium *Sch.*

Ehrh. (1788) et Auct. seq.
- acutifolium *Russ. et Warnst.*
- fuscum *Klingg.*
- quinquefarium *Warnst.*
- robustum *Röll.*
- subnitens *Russ. et Warnst.*
- tenellum *Klingg.*
- Warnstorfii *Russ.*

Mitt. ( ). — Reichardtii *Hpe.*
(1859). — Girgensohnii *Russ.* (S. Hookeri *C. Müll.*).

Röll (1886)
- acutifolium *Russ. et Warnst.*
- subnitens *Russ. et Warnst.*
- tenellum *Klingg.*

acutifolium subsp. *Girgensohnii* Card. (1886). — Girgensohnii *Russ.*

acutifolium var.

- *alpinum* Sendtn. ( ). — quinquefarium *Warnst.*
- *aquaticum* Schlieph. (1883). — subnitens *Russ. et Warnst.*
- *arctum* Braithw. (1880). — tenellum *Klingg.*
- *asperum* Sendtn. ( ). — fimbriatum *Wils.*
- *auriculatum* Card. (1886). — robustum *Röll, extens.*
- *borbonicum* Ren. et Card. (1889). — obtusiusculum *Lindb.*
- *capillifolium* Ehrh. (1823). — recurvum *Pal. Beauv.*

contortum Hartm. (1838). — rufescens *Nees et Hornsch.*

cuspidatum Spreng. (1827). — cuspidatum *Ehrh.*

decipiens Grav. (1883). — robustum *Röll, extens.*

elegans f. *plumosa* Röll. (1896). — tenellum *Klingg.*

fallax Warnst. (1881). { Girgensohnii *Russ.* / robustum *Röll, extens.*

filiforme Sendtn. (   ). — Girgensohnii *Russ.*

flagelliforme Grav. (1883). — robustum *Röll, extens.*

flavicaule Warnst. (1881). — quinquefarium *Warnst.*

flavicomans Card. (1884). — subnitens *Russ. et Warnst.*

fuscescens Braun (1868). — fuscum *Klingg.*

fusco-luteum Braun (1868). — fuscum *Klingg.*

fusco-viride Russ. (   ). — fuscum *Klingg.*

fuscum Sch. (1858). — fuscum *Klingg.*

Gerstenbergeri Warnst. (1882). — quinquefarium *Warnst.*

gracile Russ. (1865). — Warnstorfii *Russ.*

Graefii Schlieph. (1885). — Warnstorfii *Russ.*

laetevirens Braithw. (1880). — subnitens *Russ. et Warnst.*

laxum Warnst. (1881). — subnitens *Russ. et Warnst.*

luridum { Hüb. (1823). — subnitens *Russ. et Warnst.* ? / (Hüb. ?) Braithw. (1880). — subnitens *Russ. et Warnst.*

meridense Hpe. (   ). — meridense *C. Müll.*

pachycladum Sendtn. (   ). — quinquefarium *Warnst.*

aculifolium var. (bracket grouping the above entries)

acutifolium var.

pallens Warnst. (1884). — quinquefarium *Warnst.*

plumosum Milde. (1869). — subnitens *Russ. et Warnst.*

polyphyllum Warnst. (1882). — robustum *Röll, extens.*

quinquefarium Lindb. (1880). — quinquefarium *Warnst.*

recurvum Web. et Mohr. (1807). — recurvum *Pal. Beauv.*

robustum Russ. (1865). — robustum *Röll, extens.*

roseum Limpr. (1869). — robustum *Röll, extens.*

rubellum Russ. (1865). — tenellum *Klingg.*

Schillerianum Warnst. (1882). — subnitens *Russ. et Warnst.*

squarrosulum Warnst. (1881). — subnitens *Russ. et Warnst.*

strictiforme Warnst. (1883). — robustum *Röll, extens.*

subfimbriatum Braithw. (   ). — robustum *Röll, extens?* (Verisimiliter).

subsecundum Hartm. (1838). — subsecundum *Nees.*

tenellum Sch. (1858). — tenellum *Klingg.*

tenerum Aust. (   ). — tenerum Warnst.

tenue { Braithw. (1880). — tenellum *Klingg.* / Bryol. germ. (1823). — Girgensohnii *Russ.*

acutifolium var. ? Sulliv. (1846). — molle *Sulliv.*

acutiforme Schlieph. et Warnst. (1884). — Toutes les formes dioïques de l'ancien *S. acutifolium* Ehrh. et Auct.

acutiforme var.

auriculatum Schlieph. et Warnst. (1884). — robustum *Röll, extens.*

elegans Schlieph. (1884). — robustum *Röll, extens.*

acutiforme var.

> *fallax* Warnst. (1884). — robustum *Röll, extens.*
>
> *fuscum* Schlieph. et Warnst. (1884). — fuscum *Klingg.*
>
> *robustum* Schlieph. et Warnst. (1884). — robustum *Röll, extens.*
>
> *roseum* Schlieph. et Warnst. (1884). — robustum *Röll, extens.*
>
> *rubellum* Schlieph. et Warnst. (1884). — tenellum *Klingg.*
>
> *silesiacum* Warnst. (1884). — quinquefarium *Warnst.*
>
> *tenellum* Schlieph. et Warnst. (1884). { tenellum *Klingg.* { Warnstorfii *Russ.*
>
> (Pour toutes les autres variétés, énumérées par M. Warnstorf dans les *Sphagnologische Rückblicke*, voir au *S. acutifolium* (Ehrh.) Russ. et Warnst.).

4. **acutum** Warnst. (1895). — (*Cuspidata*).

1895. *acutum* Warnst. Beitr. zur Kenntn. exot. Sph., in *Allgem. bot. Zeitschr. für System., Flor., Pflanzengeogr. etc.*, 1895, n° 7-8.

Distrib. — ARCHIPEL MALAIS. Bornéo (herb. Zickendrath. Envoyé en Europe comme emballage).

5. **æquifolium** Warnst. (1891). — (*Subsecunda*).

1891. *æquifolium* Warnst. Beitr. zur Kenntn. exot. Sph., in *Hedwigia*, 1891, p. 22, pl. I, fig. q^a, q^b; pl. IV, fig. i.

1894. *isophyllum* Russ. Zur Kenntniss etc., p. 55, *ex parte*.

Distrib. — AFRIQUE. Madagascar : Imerina (Hildebrandt, 1880).

affine { Angstr. ( ). — perforatum *Warnst.* { Ren. et Card. (1885). — imbricatum *Hsch.* var. { affine *Warnst.*

6*. **africanum** Welw. et Duby (1870). — (*Subsecunda*).

1870. *africanum* Welw. et Duby, apud Duby, Choix de Crypt. exot. nouv. ou peu connus, fasc. III, p. 2, pl. 1, fig. 1

in *Mém. Soc. phys. et hist. nat. de Genève*, t. XXI, 1re partie. [1]

Distrib. — AFRIQUE OCCIDENTALE. Angola : province de Huilla, 5300-5500 pieds (Welwitsch).

albescens Hüb. (1837). — recurvum *Pal. Beauv.*

7. albicans Warnst. (1893). — (*Cuspidata*).

1893. *albicans* Warnst. Beitr. zur Kenntn. exot. Sph., in *Hedwigia*, 1893, p. 3, pl. I, fig. 2ª-2 f.

Distrib. — AFRIQUE ORIENTALE. Bukoba (Stuhlmann, n° 1062).

alpinum Ruel. (1786). — acutifolium *Ehrh.*

ambiguum Hüb. (1833). — rigidum *Sch.*

amblyphyllum Russ. (1888). — recurvum *Pal. Beauv.*

andinum Hpe (1866). — medium *Limpr.*

8. Angstroemii Hartm. (1858). — (*Truncata*).

1857. *insulosum* Angstr. in litt.

1858. *Hartmanni* Lindb. in litt. ad C. Hartmann ; lapsu calami pro *S. Angstroemii* (teste Lindberg, Torfm. bygn., p. 140).

» *Angstroemii* Hartm. Skand. Fl. ed. 7, p. 399.

1860. *insulatum* Angstr. mss. (teste Lindberg, Torfm. bygn., p. 140).

» *insulosum* Sch. Syn. Musc. europ. ed. 1, p. 683.

1865. *Angstroemii* Russ. Beitr. zur Kenntn. der Torfm, p. 79.

1876.   —   Sch. Syn. Musc. europ. ed. 2, p. 842.

1880.   —   Braithw. The Sphagn., p. 51, pl. XI.

1881.   —   Warnst. Die europ. Torfm., p. 128.

1882.   —   Husnot. Sphagn. europ., p. 6.

»   —   Lindb. Eur. och N. Am. hvitmoss., p. 31.

1884.   —   Warnst. Sphagnol. Rückbl., in *Flora*, 1884.

1885.   —   Limpr. Laubm. I, p. 111.

1886.   —   Röll, Zur Syst. der Torfm., in *Flora*, 1886.

1. M. Warnstorf n'a pas vu cette espèce, que Duby compare au *S. Pylaiei*.

1886. *Angstroemii* Card. Sph. d'Eur., in *Bull. de la Soc. royale de Bot. de Belg.*, t. XXV, part. I, p. 55 (39).

1887. *Angstroemii* Dusén, On Sphagn. Utbredn. Skand., pp. 11 et 62.

1894. *Angstroemii* Russ. Zur Kenntniss, etc., pp. 158 et 167.

(   ) *latifolium* var. *cordifolium* Laestadt. mss.
» *cymbifolium* var. *cordifolium* Hartm. Skand. Fl. ed. 3-6, *ex parte*
⎰ ('Teste Lindberg, Torfm. bygn., p. 140).

Distrib. — EUROPE. Région boréale : Laponie, Finlande, Russie arctique, Scandinavie, Spitzberg. — ASIE. Sibérie : Kolyma (Augustinowycz; herb. hort. bot. Petrop.); Petit Obi, en dessous d'Obdorsk (Waldburg-Zeil); vallée de l'Iéniséi (Arnell).

Variétés.

densum *Röll*, in *Flora*, 1886.
elegans *Röll*, loc. cit.
flavescens *Warnst.* Europ. Torfm., n° 377.
glauco-virescens *Russ.* apud Warnst. loc. cit., n° 378.
robustum *Röll*, in *Flora*, 1886.

angustifrons C. Müll. (   ). — gracilescens *Hpe.* forma.

9. **angustilimbatum** Warnst. (1895). — (*Cuspidata*).

1895. *angustilimbatum* Warnst. Beitr. zur Kenntn. exot. Sph., in *Allgem. bot. Zeitschr. für System., Flor., Pflanzengeogr.*, etc., 1895, n° 7-8.

Distrib. — AFRIQUE ORIENTALE. Bukoba (Dr Stuhlmann, n° 3927).

10. **antarcticum** Mitt. (1859). — (*Rigida*).

(   ) *compactum* var. Hook. fils et Wils. in Fl. antarct., p. 122.

1859. *antarcticum* Mitt. Moss. of. N. Zeal., Tasm., etc., in *Journ. Linn. Soc.*, 1859, p. 100.

1867. *antarcticum* Hook. Handb. N. Zeal. Fl., p. 402.

1874. *cristatum* Hpe. in *Linnaea*, 1874, p. 661 (teste Warnstorf, in *Hedwigia*, 1890, pp. 184 et 252).

1890. *antarcticum* Warnst. Beitr. zur Kenntn. exot. Sph., in *Hedwigia*, 1890, p. 252, pl. XIII, fig. 23 à 27, pl. XIV, fig. c, d.

( ) *procerum* Sch. mss. in herb. Kew. (teste Warnstorf, in *Hedwigia*, 1890, p. 252).

Distrib. — Océanie. Australie : mts Rosiusko et d'Aberdeen (herb. Melbourne). Ile Campbell (Hooker, Filhol).

11. Antillarum Besch. (1876). — (*Acutifolia*).

1849. *meridense* C. Müll. Syn. I, p. 95, *ex parte* ?

1876. *Antillarum* Besch. Fl. bryol. des Ant. fr., p. 89 (non Sch.) [1]

1890. *Lesueurii* Warnst. Beitr. zur Kenntn. exot. Sph., in *Hedwigia*, 1890, p. 204, pl. V, fig. 16[a], 16[b], pl. VI, fig. 5. [2]

---

1. C'est évidemment par suite d'une erreur typographique que, dans l'ouvrage de M. Bescherelle, le *S. Antillarum* est attribué à C. Müller. La citation de l'espèce doit être rétablie ainsi : « *S. Antillarum* Besch. (*S. meridense* C. Müll. Syn. I, p. 95, *ex parte* ? »

2. Se basant sur l'existence, dans l'herbier de Kew, d'un *S. Antillarum* Sch. *mss.*, antérieur à l'espèce de M. Bescherelle, M. Warnstorf a cru devoir débaptiser celle-ci et lui donner un nom nouveau. C'est, à mon avis, un procédé absolument abusif : un *nomen nudum* ne peut en aucun cas, prévaloir contre une autre dénomination accompagnée d'une description ; à plus forte raison quand ce *nomen nudum* est resté manuscrit, comme c'est le cas pour le *S. Antillarum* Sch. : il n'a même pas alors date certaine. Si l'on admettait le changement de nom opéré par M. Warnstorf, il faudrait, pour être logique, appliquer ce procédé à nombre d'autres espèces et l'on devrait ainsi substituer, par exemple, *S. controversum* Angstr. à *S. Dusenii* Jens., *S. latetruncatum* Warnst. à *S. fontanum* C. Müll., *S. fulvum* Sendtn. à *S. Lindbergii* Sch., etc. Mais on voit le chaos qui résulterait de l'emploi d'une telle méthode. On doit appliquer rigoureusement le principe : « nomen nudum, nomen nullum. » Je restitue donc au *S. Lesueurii* Warnst. le nom de *S. Antillarum* Besch. Comme conséquence, je me vois malheureusement dans l'obligation de créer un nom nouveau pour le *S. Antillarum* Sch. *mss.*, que j'appellerai *S. Cruegeri*, du nom de son collecteur. Je

1894. *Lesueurii* Warnst. Characteristik und Uebers., etc. in *Hedwigia*, 1894, p. 311.

Distrib. — ANTILLES. Guadeloupe : la Soufrière (Lesueur, 1822 ; Perrottet, 1842 ; L'Herminier ; in herb. Mus. Paris) ; le Matouba, rivière Rouge, la Soufrière (Husnot, n° 191) ; sine loco (M. Marie, 1877 ; herb. Bescherelle). Saint-Domingue ? (Desvaux). [1]

Antillarum Sch. (   ). — Cruegeri *Card.*

12. **Arbogasti** Ren. et Card. (1893). — (*Cymbifolia*).

1893. *Arbogasti* Ren. et Card. Musci exot. novi vel min. cogn., fasc. IV, in *Bull. de la Soc. royale de Bot. de Belg.*, t. XXXII, part. II, p. 8 (79).

» *Arbogasti* Warnst. Beitr. zur Kenntn. exot. Sph., in *Hedwigia*, 1893, p. 8, pl. III, fig. 7a-7c.

Distrib. — AFRIQUE. Madagascar : île Sainte-Marie, Anekafiafé (rev. Arbogast) ; Fianarantsoa, Betsileo (Dr Besson). (Herb. Renauld et Cardot).

13. **arboreum** (Sch.) Warnst. (1891). — (*Subsecunda*).

(   ) *arboreum* Sch. apud Lechler, Pl. peruv., n° 2529, *ex parte*. (Cfr. Warnstorf, in *Hedwigia*, 1891, p. 168).

1891. *arboreum* Warnst. Beitr. zur Kenntn. exot. Sph., in *Hedwigia*, 1891, p. 32, pl. II, fig. 23a, 23b, pl. V, fig. 2.

1894. *arboreum* Warnst. Characteristik und Uebers., etc., in *Hedwigia*, 1894, p. 327.

Distrib. — AMÉRIQUE DU SUD. Pérou, près de Tatanara, sur les troncs d'arbres (Lechler, Pl. peruv. n° 2529 ; herb. Zickendrath, non herb. Kew.).

---

regrette vivement de devoir ajouter une nouvelle dénomination à la nomenclature sphagnologique, déjà si touffue ; j'ai, du moins, la satisfaction de constater que c'est le seul nom nouveau que j'ai dû créer au cours de ce travail.

1. M. F. Camus possède dans son herbier un échantillon de cette espèce, récolté au siècle dernier par L.-C. Richard à la Guadeloupe, et étiqueté, de la main de W. Arnott : « S. obtusifolium. »

arboreum Sch. (   ). (Lechler, Pl. peruv., n° 2529, in herb.
  Kew.). — medium *Limpr*.
Aschenbachianum Breutel (1824). — acutifolium *Ehrh*.

14*. assamicum C. Müll. (1887). — (*Cymbifolia*).
1887. *assamicum* C. Müll. Sph. nov. descript., in *Flora*,
  1887, p. 411.
Distrib. — Asie. Assam (S. Kurz).

auriculatum { Angstr. (1864).—platyphyllum (*Sulliv*.) *Warnst*.
  Lesq. (1867). — mendocinum *Sulliv. et Lesq*.
  Sch. (1858). — rufescens *Nees et Hornsch*.

Austini Sulliv. (1870). — imbricatum *Hornsch*.
Austini var. *imbricatum* Lindb. in. *Act. Soc. sc. fenn*. X,
  p. 280. — imbricatum var. fuscescens *Jens*. — (Pour
  toutes les autres variétés du *S. Austini*, voir au *S. imbricatum*).

15. australe Mitt. (1859). — (*Rigida*).
(   ) *compactum* var. *ovatum* Hook. fil. et Wils., in Fl.
  antarct., p. 122 (teste Mitten).
1859. *australe* Mitt. Moss. of N. Zeal., Tasm., etc., in
  Journ. Linn. Soc., 1859, p. 100.
  »   *confertum* Mitt. loc. cit., p. 99 (teste Warnstorf).
1867. *australe* Hook. Handb. N. Zeal., Fl., p. 402.
1890.   —   Warnst. Beitr. zur Kenntn. exot. Sph., in
  Hedwigia, 1890, p. 250, pl. XII, fig. 18 et 19, pl. XIV, fig. e.
Distrib. — Océanie. Tasmanie : the Snugg, Huon (Oldfield);
  Huon Road (Weymouth); Oyster Cove (Mrs. F. Miller);
  montagnes occidentales (Archer). Ile Campbell (J.-D.
  Hooker). Nouvelle Zélande (Helms, n° 43).
australe Sch. (   ). — maximum *Warnst*.
austro-molle C. Müll. (1878) *saltem ex parte*[1]. — capense
  Hornsch.

---

1. D'après M. Warnstorf (*Hedwigia*, 1890, p. 185, et 1891, pp. 30-31),
le n° 16 de Rehmann paraît être spécifiquement différent du *S. austro-
molle* C. Müll., Rehmann, n°s 16ᵇ, 433ᵇ, 433ᶜ.

B

16. Balfourianum Warnst. (1891). — (*Cymbifolia*).

1891. *Balfourianum* Warnst. Beitr. zur Kenntn. exot. Sph.,
in *Hedwigia*, 1891, p. 153, pl. XVII, fig. 21^a, 21^b,
pl. XXII, fig. z.

Distrib. — AFRIQUE. Ile Maurice (Balfour; herb. Mitten).

balticum Russ. (1888). — recurvum (*Pal. Beauv.*) *Russ. et*
Warnst. var. mollissimum *Russ.*

17. batumense Warnst. (1895). — (*Subsecunda*).

1895. *batumense* Warnst. in litt.

Distrib. — ASIE. Caucasie : Batoum, sur la mer Noire
(Fedtschenko, 1894 ; herb. Zickendrath).

18. Beccarii Hpe. (1872). — (*Cymbifolia*).

1872. *Beccarii* Hpe., in *Nuov. giorn. bot. ital.*, 1872, p. 278.

1891.   —   Warnst. Beitr. zur Kenntn. exot. Sph., in
Hedwigia, 1891, p. 148, pl. XV, fig. 12^a, 12^b, pl. XXI, fig. p.

Distrib. — ARCHIPEL MALAIS. Bornéo : Sarawak, mt. Mattan,
Sautobang (O. Beccari, 1866).

belli-imbricatum C. Müll. (   ). — medium *Limpr.*

Bernieri Besch. (1879). — cuspidatum (*Ehrh.*) *Russ. et* Warnst.
forma.

19. Bescherellei Warnst. (1890). — (*Rigida*).

1881. *patens* Besch. Fl. bryol. Réunion, p. 188 (non Brid.)
(teste Warnstorf).

1890. *Bescherellei* Warnst. Beitr. zur Kenntn. exot. Sph.,
in *Hedwigia*, 1890, p. 240, pl. XI, fig. 1, 2, pl. XIV, fig. g.

Distrib. — AFRIQUE. La Réunion (Lepervanche, 1839 ;
Mlle Berthe Lepervanche, 1876).

20. Bessoni Warnst. (1893). — (*Cuspidata*).

1893. *Bessoni* Warnst. apud Ren. et Card. Musci exot.
novi vel min. cogn., fasc. IV, in *Bull. de la Soc. royale*
de Bot. de Belg., t. XXXII, part. 2, p. 8 (79).

1893. *Bessoni* Warnst. Beitr. zur Kenntn. exot. Sph., in *Hedwigia*, 1893, p. 4, pl. I, fig. 3ᵃ-3ᶠ.

Distrib. — AFRIQUE. Madagascar : entre Vinanintelo et Ikongo (Dʳ Besson ; herb. Renauld et Cardot).

21. **Beyrichianum** Warnst. (1895). — (*Subsecunda*).

1895. *Beyrichianum* Warnst. in litt.

Distrib. — AFRIQUE AUSTRALE. Pondoland (C. Beyrich ; herb. Brotherus).

bicolor Besch. (1885). — medium *Limpr.*

22. **Bolanderi** Warnst. (1891). — (*Acutifolia*).

1891. *Bolanderi* Warnst. Beitr. zur Kenntn. exot. Sph., in *Hedwigia*, 1891, p. 173, pl. XIX, fig. 34ᵃ, 34ᵇ.

1894. *Bolanderi* Warnst. Characteristik und Uebers., etc., in *Hedwigia*, 1894, p. 308.

Distrib. — AMÉRIQUE DU NORD. Californie (Bolander ; herb. Departm. Agric. Washington).

23. **Bordasii** Besch. (1881). — (*Subsecunda*).

1881. *Bordasii* Besch. Fl. bryol. Réunion, p. 189.
1889. *lingulatum* Warnst. in litt. (teste Warnstorf).
1891. *Bordasii* Warnst. Beitr. zur Kenntn. exot. Sph., in *Hedwigia*, 1891, p. 25, pl. II, fig. 17ᵃ, 17ᵇ, pl. IV, fig. g.
(   ) *coronatum* C. Müll. apud Rehm. Musci austro-afr., nº 432 (teste Warnstorf, loc. cit.).

Distrib. — AFRIQUE. Ile Maurice (Bordas, 1879 ; herb. Bescherelle). Afrique austro-orientale : « in montibus supra Worcester » (Rehmann, *Musci austro-afr.*, nº 432).

24. **borneoense** Warnst. (1895). — (*Cymbifolia*).

1895. *borneoense* Warnst. Beitr. zur Kenntn. exot. Sph., in *Allgem. bot. Zeitschr. für System., Flor., Pflanzengeogr.*, etc., 1893, nº 12.

Distrib. — ARCHIPEL MALAIS. Bornéo (herb. Zickendrath. Envoyé en Europe comme emballage).

25*. **brachybolax** C. Müll. (   ). — (*Cymbifolia*).
) *brachybolax* C. Müll. in litt. [1]
Distrib. — AMÉRIQUE DU SUD. Brésil.

26. **brachycaulon** C. Müll. (1891). — (*Subsecunda*).
1891. *brachycaulon* C. Müll. apud Warnst. Beitr. zur
    Kenntn. exot. Sph., in *Hedwigia*, 1891, p. 43, pl. III,
    fig. 35ª, 35ᵇ, pl. V, fig. cc.
1894. *brachycaulon* Warnst. Characteristik und Uebers.,
    etc., in *Hedwigia,* 1894, p. 324.
Distrib. — AMÉRIQUE DU SUD. Brésil : Rio Grande do Sul
    (A. Kunert ; herb. C. Müller) ; Minas Geraes, Caraça
    (E. Wainio, 1885 ; herb. Brotherus).

27. **brasiliense** Warnst. (1891). — (*Cymbifolia*).
1888. *papillosum* var. *plumosum* Russ. in litt. (teste
    Warnstorf).
1891. *brasiliense* Warnst. Beitr. zur Kenntn. exot. Sph.,
    in *Hedwigia*, 1891, p. 150, pl. XV, fig. 14ª, 14ᵇ, pl. XXII,
    fig. sα, sβ, sγ.
» *brasiliense* Warnst. apud Broth. Contrib. à la Fl.
    bryol. du Brésil, in *Act. soc. sc. fenn.*, t. XIX, n° 5.
1894. *brasiliense* Warnst. Characteristik und Uebers., etc.,
    in *Hedwigia*, 1894, p. 330.
Distrib. — AMÉRIQUE DU SUD. Brésil (Glaziou ; herb. Mus.
    Petrop.) ; Minas Geraes, Caraça (E. Wainio, 1885 ; herb.
    Brotherus).

Variétés.

carneum Warnst., in *Hedwigia*, 1891, p. 151.
chlorinum Warnst. loc. cit.
glaucescens Warnst. apud Brotherus, in *Act. Soc. sc. fenn.*, t. XIX, n° 5.

brevifolium Röll (1889), *saltem pro maxima parte.* — recur-
    vum (*Pal. Beauv.*) *Russ. et Warnst.*
brevirameum Hpe. (1874). — erythrocalyx *Hpe.*

----

1. Cfr. Warnstorf, Beitr. zur Kenntn. exot. Sph., in *Hedwigia*,
1891, p. 150. (An forma *S. guadalupensis* Sch.) ?

C

28. **caldense** C. Müll. (1862). — (*Subsecunda*).

1862. *caldense* C. Müll., in *Bot. Zeit.*, 1862, p. 327.

1891. *caldense* Warnst. Beitr. zur Kenntn. exot. Sph., in *Hedwigia*, 1891, p. 24, pl. II, fig. 18ª, 18ᵇ.

1894. *caldense* Warnst. Characteristik und Uebers, etc., in *Hedwigia*, 1894, p. 322.

(　　) *sedoides* Sch. in herb. Lindb., non Brid. (teste Warnstorf, in *Hedwigia*, 1891, p. 24).

Distrib. — AMÉRIQUE DU SUD. Brésil : province de Minas Geraes, Caldas (G. A. Lindberg, 1854 ; A. F. Regnell, herb. Brotherus) ; Rio-de-Janeiro (Glaziou, nᵒˢ 7042, 7043) ; Sancta-Catharina, Serra-Geral et entre Boa-Vista et Saô-Jose (E. Ule ; herb. C. Müller).

Variétés.

normale *Hpe.*, in *Vid. Meddel. fra den naturhist. Foren. i Kjöbenh.*, 1874, p. 130.

scorpioides *Hpe*, loc. cit.[1]

caldensi-recurvum C. Müll. (　　). — recurvum (*Pal. Beauv.*) *Russ. et Warnst.* var. amblyphyllum *Russ.*

campicolum C. Müll. (　　). — acutifolium (*Ehrh.*) *Russ. et Warnst.*

29. **capense** Hornsch. (1841). — (*Subsecunda*).

1841. *capense* Hornsch. in *Linnaea*, XV, p. 113.

1849. — C. Müll. Syn. I, p. 103.

1877. *mollissimum* C. Müll. in *Rev. bryol.*, 1877, p. 43 (*nomen solum*).

---

1. Dans ses *Contrib. to the knowl. of the N. Am. Sph.* (1890), M. Warnstorf cite cette variété comme synonyme du *S. cyclophyllum* Sulliv. et Lesq. ; mais, en 1894, il ne signale pas cette dernière espèce dans l'Amérique du Sud. Toutefois, il m'a écrit depuis (août 1895) que le *S. cyclophyllum* existe réellement au Brésil.

1878. *austro-molle* C. Müll. in *Rev. bryol.*, 1878, p. 71
(*nomen solum*).

1887. *mollissimum* C. Müll. Sph. nov. descript., in *Flora*,
1887, p. 418 (teste Warnstorf, in *Hedwigia*, 1890,
p. 185 et 1891, pp. 30 et 31).

» *austro-molle* C. Müll. loc. cit., p. 419; *saltem ex parte*[1]
(teste Warnstorf, loc. cit.).

1891. *capense* Warnst. Beitr. zur Kenntn. exot. Sph., in
Hedwigia, 1891, p. 30, pl. I, fig. 13ᵃ, pl. II, fig. 13ᵇ à
16ᶜ, pl. IV, fig. n.

Distrib. — AFRIQUE AUSTRALE. Cap, montagne de la Table
(Ecklon, 1827; Rehmann); Dutoitskloof, 1600 pieds
(Drège); Stinkwater, Montagu-Pass (Rehmann).

capillaceum Sw. (1799). { acutifolium *Ehrh.*
                          { cuspidatum *Ehrh.*

capillaceum var. *cuspidatum* Wahlenb. (1812). — cuspidatum *Ehrh.*

capillifolioides Breutel. (1824). — acutifolium *Ehrh.*

capillifolium { Brid. (1826).[2] — acutifolium *Ehrh.*
               { Doz. et Mlkb. (1851). — fimbriatum *Wils.*
               { Hedw. (1782). { acutifolium *Ehrh.*
               {   { cuspidatum *Ehrh.*

capillifolium { *cirrosum* Sendtn. (   ). — riparium *Angstr.*
var.   { *cuspidatum* Brid. (1798). — cuspidatum *Ehrh.*

30. **Cardoti** Warnst. (1893). — (*Cuspidata*).

1893. *Cardoti* Warnst. apud Ren. et Card. Musci exot. novi
vel min. cogn., fasc. IV, in *Bull. de la Soc. royale de
bot. de Belg.*, t. XXXII, part. II, p. 8 (79).

» *Cardoti* Warnst. Beitr. zur Kenntn. exot. Sph., in
Hedwigia, 1893, p. 5, pl. I, fig. 4ᵃ, 4ᵇ, pl. II, fig. 4ᶜ à 4ᵉ.

---

1. Voir la note de la p. 26.
2. Bridel (*Bryol. univ.* 1, p. 11) cite pour son *S. capillifolium*
4 variétés : *Schkuhrii* Brid., *breviselum* Brid., *robustum* Nees et
tenue Nees. On a rapporté la dernière au *S. Girgensohnii* Russ. Il
est bien difficile de dire à quelles formes se rattachent les autres.

Distrib. — AFRIQUE. Madagascar : autour de Fianarantsoa, Betsileo (Dr Besson ; herb. Renauld et Cardot).

31. carneum C. Müll. et Warnst. (1896). — (*Acutifolia*).

1896. *carneum* C. Müll. et Warnst. mss. (Warnst. in litt.).

Distrib. — AMÉRIQUE DU SUD. Brésil.

cavifolium Warnst. (1881).
{
Dusenii *Jens.*
inundatum (*Russ*). *Warnst.*
laricinum *Spr.*
obesum *Warnst.*
platyphyllum *Sulliv.*
rufescens *Nees et Hornsch.*
subsecundum (*Nees*) *Limpr.*
}

cavifólium subsp.
{
contortum Russ. (1887). { inundatum (*Russ*). *Warnst.* / obesum *Warnst.* / rufescens *Nees et Hornsh.* }
laricinum Russ. (1887). — laricinum *Spr.*
platyphyllum Russ. (1887). — platyphyllum *Sulliv.*
subsecundum Russ. (1887). — subsecundum (*Nees*) *Limpr.*
}

cavifolium var.
{
1 *subsecundum* Warnst. (1881) { inundatum (*Russ.*) *Warnst.* / obesum *Warnst.* / rufescens *Nees et Hornsch.* / subsecundum (*Nees*) *Limpr.* }
1 *subsecundum* {
α *obesum* Warnst. (1881) { inundatum (*Russ.*) *Warnst.* / obesum *Warnst.* }
β *contortum* Warnst. (1881) { inundatum (*Russ.*) *Warnst.* / rufescens *Nees et Hornsch.* }
γ *auriculatum* Warnst. (1881). — rufescens *Nees et Hornsch.*
}
}

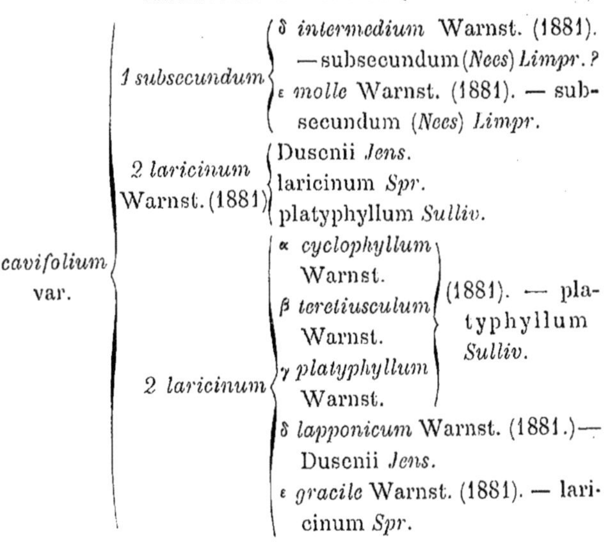

32. **centrale** Arnell et Jensen (1896). — (*Cymbifolia*).

cymbifolium Auct. *ex parte*.

1887. *palustre* subsp. *intermedium* Russ. in *Sitzungsber. der Dorpat. Naturforsch. Ges.*, 1887, p. 312.

» *palustre* subsp. *intermedium* Russ. Zur Anat. der Torfm., p. 28.

1891. *papillosum* var. *intermedium* Warnst. Beitr. zur Kenntn. exot. Sph., in *Hedwigia*, 1891, pp. 159-160, pl. XVII, fig. 23ᵃ, 23ᵇ, pl. XXII, fig. dd.

1894. *intermedium* Russ. Zur Kenntniss, etc., p. 108 (*excl. omn. syn. sp. exot.*).[1]

---

[1] M. Russow me paraît avoir été fort mal inspiré en donnant à son espèce le nom de *S. intermedium*, alors qu'il existait déjà dans la nomenclature un *S. intermedium* Hoffm., et que, à tort ou à raison, beaucoup d'auteurs emploient encore ce nom de préférence à *S. recurvum* Pal. Beauv. On ne peut qu'approuver MM. Arnell et Jensen d'avoir débaptisé l'espèce de M. Russow, pour lui appliquer une nouvelle dénomination, ne prêtant à aucune équivoque.

34 J. CARDOT.

1896. *centrale* Arnell et Jensen, Ein bryolog. Ausflug nach
Täsjö, in *Bihang Till. K. Svenska Akad. Handl.*, Bd. 21,
Afd. III, n° 10.

Distrib. — EUROPE. Répandu, d'après Russow, dans l'Europe septentrionale, en Scandinavie, en Esthonie et
dans les Alpes. Indiqué par M. Zickendrath en Russie
dans les gouvernements de Moscou, de Wladimir et
de Perm; signalé aussi en Angleterre. Se retrouvera
probablement dans beaucoup d'autres régions, mais
confondu jusqu'ici avec le *S. cymbifolium* et le *S. papillosum*. — ASIE. Caucase : Svanie, entre les fleuves
Neuskra et Seken, 2100-2200 m. (Dr Levier). — AFRIQUE.
Açores : Corvo, San-Miguel (Trelease ; herb. Cardot).
— AMÉRIQUE DU NORD. Terreneuve, Labrador (rev.
Waghorne).

Variétés.

flavescens *Russ.* apud Warnst. Europ. Torfm., n° 307.
flavo-glaucescens *Russ.* loc. cit., n°s 308, 310.
fusco-flavescens *Russ.* loc. cit., n°s 313, 314.
fusco-lutescens *Russ.* loc. cit., n°s 311, 312.
glauco-flavescens *Russ.* loct. cit., n° 315.
glaucum *Russ.* loc. cit., n° 306.

33. ceylonicum Mitt. (1879). — *(Aculifolia)*.

1879. *ceylonicum* Mitt. apud Jäger et Sauerb. Adumbl. Fl.
Musc. vol. II *(nomen solum)*.

1890. *ceylonicum* Warnst. Beitr. zur Kenntn. exot. Sph.,
in *Hedwigia*, 1890, p. 195, pl. IV, fig. 7ª, 7ᵇ, pl. VII,
fig. 14.

Distrib. — ASIE. Ceylan : Horton Plains, Central Provinz
(herb. Mitten).

34*. chilense Lorentz (1866). — *(Aculifolia ?)*

1866. *chilense* Lorentz in *Bot. Zeit.*, 1866, p. 185.
Distrib. — AMÉRIQUE DU SUD. Chili : Valdivia (Krause).

chinense Brid. Bryol. univ. 1, p. 750 (1826). C. Müll. Syn. 1,
p. 104 (1849). — Chine (Staunton). — Quid?

cochlearifolium Wils. (   ). — platyphyllum *Warnst.*

35. comosum C. Müll. (1887). — (*Subsecunda*).

1887. *comosum* C. Müll. Sph. nov. descript., in *Flora*, 1887,
p. 413.

1891. *comosum* Warnst. Beitr. zur Kenntn. exot. Sph., in
Hedwigia, 1891, p. 35, pl. 11, fig. 26ᵃ, 26ᵇ, pl. III,
fig. 26ᶜ, pl. IV. fig. u.

Distrib. — AUSTRALIE : Nouvelle Galles du Sud : Waterloo,
près de Sydney (Whitelegge, 1883); Victoria : Berwick
(G. W. Robinson) (Herb. Melbourne).

compactum {
Brid. (1806). — rigidum *Sch.* (sec. plur. auct.).
Brid. (1806), *excl. varr.* — cymbifolium var.
congestum *Sch.* (teste Schimper, Hist.
Nat. des Sph., p. 75). An *S. medium*
Limpr. ?
De Cand. (1805). — rigidum *Sch.*
Hornsch. (   ). — erythrocalyx *Hpe. ?*
Warnst. (1890) { Garberi *Lesq. et Jam.*
rigidum *Sch.*
}

compactum
var.
{
ambiguum Hook. fil. et Wils. Fl. N. Zeal. II,
p. 57 (Syn. : *S. subsecundum* ? Hook. Handb.
Fl. N. Zeal., p. 401). — Quid ?
ovatum Hook. fil. et Wils. (   ). — australe
Mitt.
praemorsum Brid. (1826). — rigidum *Sch.*
ramulosum C. Müll. (1849). — molle *Sulliv.*
rigidum Nees (1823). — rigidum *Sch.*
}

compactum var. Hook. fil. et Wils. (   ). — antarcticum
Mitt.

condensatum { Brid. (1798). — ericetorum *Brid. ?*
Schleich. (1804). — rigidum *Sch.*

confertum Mitt. (1859). — australe *Mitt.*

36. conflatum C. Müll. (   ). — *(Subsecunda)*.

(   ) *conflatum* C. Müll. mss. (Warnst. in litt., 1895).

Distrib. — Amérique du Sud. Brésil.

$$\text{contortum} \begin{cases} \text{Nees et Hornsch. (1823). — rufescens } \textit{Nees et Hornsch.} \\ \text{Schultz (1819). — laricinum } \textit{Spr.} \\ \text{Warnst. (1884)} \begin{cases} \text{inundatum } (\textit{Russ.}) \textit{ Warnst.} \\ \text{obesum } \textit{Warnst.} \\ \text{rufescens } \textit{Nees et Hornsch.} \end{cases} \end{cases}$$

contortum subsp. *platyphyllum* Jens. (1890). — platyphyllum *Sulliv.*

$$\text{contortum var.} \begin{cases} \textit{laricinum} \text{ Wils. (1855). — laricinum } \textit{Spr.} \\ \textit{obesum} \text{ Wils. (1855). — obesum } \textit{Warnst.} \\ \textit{rufescens} \text{ Nees et Hornsch. (1823). — rufescens } \textit{Nees et Hornsch.} \\ \textit{subsecundum} \text{ Wils. (1855). — subsecundum } (\textit{Nees}) \textit{ Limpr.} \\ \textit{turgidum} \text{ Warnst. (1884). — obesum } \textit{Warnst.} \end{cases}$$

contortum var. Wils. (   ). — Khasianum *Mitt.*

controversum Angstr. (   ). — Dusenii *Jens.*

37. convolutum Warnst. (1890). — *(Cuspidata)*.

(   ) *cuspidatum* var. *latetruncatum*
Warst. in litt.

  » *hypnoides* Sch. in herb. Kew
(verisimiliter).

(Cfr. Warnst. in *Hedwigia*, 1890, p. 221).

1890. *convolutum* Warnst. Beitr. zur Kenntn. exot. Sph.,
in *Hedwigia*, 1890, p. 220, pl. VIII, fig. 10 à 12, pl. X,
fig. 6.

Distrib. — Afrique australe. Cap, montagne de la Table
(prof. Mac Owan, 1886).

38. Cordemoyi Warnst. (1896). — *(Acutifolia)*.

1896. *Cordemoyi* Warnst. in litt.

Distrib. — Afrique. La Réunion (de Cordemoy).

39. coronatum C. Müll. (1877). — (*Subsecunda*).

1877. *coronatum* C. Müll. in *Rev. bryol.*, 1877, p. 43 (*nomen solum*).

1887. *coronatum* C. Müll. Sph. nov. descript., in *Flora*, 1887, p. 412, *ex parte*.

1891. *coronatum* Warnst. Beitr. zur Kenntn. exot. Sph., in *Hedwigia*, 1891, p. 27, pl. II, fig. 19[a], 19[b], pl. IV, fig. h.

Distrib. — AFRIQUE AUSTRALE. Cap, montagne de la Table (Spielhaus, 1877) ; Montagu-Pass, Houtbay (Rehmann, 1875) ; Simon's Town (Ch. Wright). [1]

coronatum C. Müll. (   ) (in Rehmann, Musci austro-afr., n° 432). — Bordasii *Besch.*

coronatum var. *cuspidatum* Rehm. (   ). — oxycladum *Warnst.*

40. coryphaeum Warnst. (1890). — (*Acutifolia*).

1890. *coryphaeum* Warnst. Beitr. zur Kenntn. exot. Sph., in *Hedwigia*, 1890, p. 189, pl. IV, fig. 2[a], 2[b], 2[c], pl. VII, fig. 18.

1894. *coryphaeum* Warnst. Characteristik und Uebers., etc., in *Hedwigia*, 1894, p. 312.

Distrib. — AMÉRIQUE DU SUD. Nouvelle Grenade (Wallace), Andes entre Bogota et Jusigasuga (Weis) ; Colombie : Cauca (Lehmann ; herb. Boissier).

41. costaricense Warnst. (1894). — (*Acutifolia*).

1894. *costaricense* Warnst. Characteristik und Uebers., etc., in *Hedwigia*, 1894, pp. 310 et 332.

»   *costaricense* Warnst. in *Bull. de l'herb. Boissier*, 1894, p. 401.

1895. *costaricense* Warnst. Beitr. zur Kenntn. exot. Sph.,

---

1. L'échantillon examiné et décrit par M. Warnstorf est le n° 9 des *Musci austro-africani* de Rehmann, provenant de Montagu-Pass ; les échantillons provenant des trois autres localités ne semblent pas avoir été vus par M. Warnstorf, d'où il résulte que leur attribution reste un peu douteuse. Le n° 432 de Rehmann est le *S. Bordasii* Besch.

in *Allgem. bot. Zeitschr. für System., Flor., Pflanzengeogr.,* etc., 1895, n° 5.

Distrib. — AMÉRIQUE CENTRALE. Costarica : environs de San Jose (Lehmann, 1881 ; herb. Boissier) ; Buenos-Aires (Tonduz, 1892 ; herb. Bruxelles).

42. **crassicladum** Warnst. (1889). — (*Subsecunda*).

Ante 1889 verisimiliter cum *S. rufescenti* et *S. obeso* commutatum.

1889. *crassicladum* Warnst. in *Bot. Centralbl.,* 1889, n° 45.

1890.   —   Warnst. Contrib. to the knowl. of the N. Am. Sph., in *Bot. Gaz.,* XV, p. 247.

1891. *crassicladum* Venturi, Les Sph. europ., in *Rev. bryol.,* 1891, n° 6, p. 92.

1894. *inundatum* Russ. Zur Kenntniss, etc., p. 45, *ex parte.*

»   *Gravetii* Russ. loc. cit., p. 63, *ex parte.*

Distrib. — EUROPE. Angleterre, France, Belgique, Allemagne, etc. Probablement assez répandu, mais confondu avec les diverses formes du *S. rufescens* et du *S. obesum.* — N'a pas encore été signalé dans l'Amérique du Nord.

Variétés.

fluctuans *Warnst.* Europ. Torfm., n°ˢ 299 et 300.
submersum *Warnst.* loc. cit., n° 298.

crassipes Brid. (   ). — cymbifolium *Hedw.*

crassisetum Brid. (1806) { squarrosum *Pers.* (teste Braithwaite.
                            { cymbifolium *Hedw.* (teste Lindberg).

crassum C. Müll. (   ). — medium *Limpr.*

cribrosum Lindb. (1882). — floridanum *Card.*

cristatum Hpe. (1874). — antarcticum *Mitt.*

43. **Cruegeri** Card. (*nomen novum*).[1] — (*Cymbifolia*).

(   ). *Antillarum* Sch. mss. in herb. Kew, non Besch.

---

1. Voir la note de la p. 24.

1891. *Antillarum* Warnst. Beitr. zur Kenntn. exot. Sph.,
   in *Hedwigia*, 1891, p. 147, pl. XV, fig. 11ᵃ, 11ᵇ, pl. XXI,
   fig. o.
1894. *Antillarum* Warnst. Characteristik und Uebers., etc.,
   in *Hedwigia*, 1894, p. 329.
Distrib. — ANTILLES. Trinité (Krüger).

curvifolium { Hunt. (1872). — recurvum (*Pal. Beauv.*) *Russ.*
   et Warnst. var. mucronatum *Warnst.*
   Wils. (1867). — laricinum *Spr.*

cuspidatiforme Breutel. (1824) { cuspidatum *Ehrh.*
   recurvum *Pal. Beauv.*

44. **cuspidatulum** C. Müll. (1874). — (*Cuspidata*).

1859. *cuspidatum* Mitt. Musci. Ind. or., p. 156, n° 1284.
1874. *cuspidatulum* C. Müll. in *Linnaea*, 1874, p. 549.
1890.   —   Warnst. Beitr. zur Kenntn. exot. Sph.,
   in *Hedwigia*, 1890, p. 225, pl. VIII, fig. 20 à 23.
1891. *Feae* C. Müll. in litt. et *Boll. dell. Soc. bot. ital.*, in
   Nuov. Giorn. bot. ital. XXIII, p. 601 (*nomen solum*)
   (testo Warnst. in litt., 1895).
Distrib. — ASIE. Khasia, 930-1250 m. (Hooker et Thomson,
   n° 1284). Birmanie : Bhamo (Fea, 1891).

45. **cuspidatum** (Ehrh. 1791) Russ. et Warnst. (1889). — (*Cuspidata*).

1753. *palustre* β Linn. Sp. pl. ed. 1, t. II, p. 1106, *ex parte.*
1770. *palustre* var. *capillaceum* Weiss, Pl. crypt. Fl. gott.,
   p. 265, *ex parte.*
1780. *palustre capillifolium* Ehrh. in *Hannov. Mag.*, 1780,
   p. 35, *ex parte.*
1782. *capillifolium* Hedw. Fundam. II, p. 86, *ex parte.*
1791. *cuspidatum* Ehrh. Pl. crypt. exsicc., n° 251, *emend.*
1792. *deflexum* Gilib. Suppl. system., p. 561, *ex parte.*
1798. *palustre* var. *cuspidatum* Liljebl. Svensk. Fl., ed. 2,
   p. 393, *ex parte.*

1798. *capillifolium* var. *cuspidatum* Brid. Muscol. Recent. II, part. I, p. 26, *ex parte*.

1799. *capillaceum* Sw. Musc. frond. succ., p. 18, *ex parte*.

1803. *gracile* Mich. Fl. bor. amer. II, p. 285, *ex parte* (Cfr. Lindberg, Eur. och N. Am. hvitm., p. 65).

1812. *capillaceum* var. *cuspidatum* Wahlenb. Fl. lapp., p. 301, *ex parte*.

1824. *cuspidatiforme* Breutel, in *Bot. Zeit.*, 1824, p. 437.

1825. *hypnoides* Bruch, in *Flora*, 1825, p. 629.

1827. *acutifolium* var. *cuspidatum* Spreng. Syst. veg. ed. 16, IV, p. 1, *ex parte*.

1849. *Torreyanum* Sulliv. in *Mem. Am. Acad.* n. s., IV, p. 174.

»   *laxifolium* C. Müll. Syn. I, p. 97.

»   *trinitense* C. Müll. loc. cit., p. 102 (teste Warnstorf, in *Hedwigia*, 1890, p. 235).

1855. *cuspidatum* var. γ Wils. Bryol. brit., tab. IV.

1858. *cuspidatum* varr. *submersum*, *plumulosum*, *plumosum* et *hypnoides* Sch. Hist. nat. des Sph., pp. 68-69, pl. XVI, fig. β, γ, δ, ε.

»   *cuspidatum* varr. ut supra, Sch. Entw.-Gesch. der Torfm., p. 61, pl. XVI, ut supra.

1864. *recurvum* * *cuspidatum* Hartm. Skand. Fl., ed. 9, p. 83.

1865. *cuspidatum* varr. *falcatum* et *plumosum* Russ. Beitr. zur Kenntn. der Torfm., pp. 59-60 (*excl. omn. al. variet.*).

1876. *cuspidatum* Sch. Syn. Musc. europ., ed. 2, p. 821, *ex parte*.

1877. *serratum* Aust. in *Bull. Torr. bot. Club.*, VI, p. 145.

1879. *Bernieri* Besch. mss. in herb. Mus. Paris (teste Warnstorf, in *Hedwigia*, 1890, p. 236).

1880. *cuspidatum* Braithw. The Sphagn., p. 82, pl. XXVI et XXVII (excl. var. *brevifolium* Lindb. et synon. *S. mendocinum* Sulliv. et Lesq.).

»   *subsecundum* var. *serratum* Rau et Herv. Cat. N. Am. Musci, p. 49 (teste Lindberg, Eur. och. N. Am. hvitmoss., p. 67).

1881. *variabile* var. 2 *cuspidatum* Warnst. Die europ. Torfm.,
p. 69 (excl. α *majus* Russ. et β *fallax* Warnst.).

1882. *cuspidatum* Husnot, Sphagnol. europ., p. 14 (excl.
var. *brevifolium* Lindb.).

» *cuspidatum* C *laxifolium* Lindb. Eur. och N. Am.
hvitmoss., p. 69.

» *variabile* subsp. *cuspidatum* Warnst. in *Flora*, 1882,
p. 550.

1883. *Naumanni* C. Müll. apud Engl. ⎫
Bot. *Jahrb.*, V, Hft. 1, p. 87. ⎪ (Teste Warnstorf,
                                ⎬ in *Hedwigia*,
» *gabonense* Besch. mss. in herb. ⎪ 1890, p. 236).
Mus. Paris. ⎭

1884. *cuspidatum* Lesq. et Jam. Man. of the Moss. of N.
Am., p. 14.

» *cuspidatum* Warnst. Sphagnol. Rückbl., in *Flora*,
1884, *ex parte*.

1886. *cuspidatum* Limpr. Laubm. I, p. 129 (excl. var. *mollissimum* Russ.).

» *cuspidatum* Röll, Zur System. der Torfm., in *Flora*,
1886, *ex parte ?*

» *laxifolium* Röll, loc. cit. (excl. varr. *deflexum* et
majus).

» *recurvum* subsp. *cuspidatum* Card. Sph. d'Eur., in
Bull. de la Soc. royale de Bot. de Belg., t. XXV, part. I,
p. 98 (82).

1887. *cuspidatum* subsp. 2 *laxifolium* Dusén, On Sphagn.
Utbredn. Skand., pp. 39 et 98.

» *recurvum* subsp. *cuspidatum* Card. Rév. des Sph. de
l'Am. du Nord, in *Bull. de la Soc. royale de Bot. de
Belg.*, t. XXVI, part. I, p. 55 (17) (excl. var. *mendocinum*).

1889. *cuspidatum* Russ. et Warnst. in *Sitzungsber. der Dorpat.
Naturforsch.-Ges.*, 1889, pp. 99 et seq.

1890. *cuspidatum* Warnst. Die Cuspidatumgruppe der
europ. Sph., in *Bot. Ver. der Prov. Brand.*, XXXII,

p. 205, pl. I, fig. 13 à 31, pl. II, fig. f-k (excl. syn.
S. falcatulum Besch. et *S. Spegazzini* Schlieph.).

1890. *trinitense* Warnst. loc. cit., p. 177.

   » *cuspidatum* Warnst. Contrib. to the knowl. of the
N. Am. Sph., in *Bot. Gaz.*, XV, p. 220.

   » *trinitense* Warnst. loc. cit., p. 223.

   » *laxifolium* Jens. De danske Sph.-Art., in *Bot. Foren.
Festskr.*, 1890, p. 105 (56), pl. 2, fig. 23.

1891. *cuspidatum* Venturi, Les Sph. europ., in *Rev. bryol.*,
1891, n° 5, p. 79.

1894. *cuspidatum* Russ. Zur Kenntniss, etc., pp. 152
et 165.

   » *cuspidatum* Warnst. Characteristik und Uebers., etc.,
in *Hedwigia*, 1894, p. 316.

Distrib. — EUROPE. Commun dans les zones moyenne et
septentrionale ; s'élève dans la région alpine jusqu'à
2000 m. — AFRIQUE. Gabon (Duparquet, 1864 ; *S. gabonense* Besch.)[1]. Madagascar, partie nord (Bernier, 1835 ;
S. Bernieri Besch.)[2] ; plateau d'Ikongo et entre Savondronina et Ranomafana (Dr Besson) ; entre Analamazoatra et Andevorante (Rev. Camboué). — AMÉRIQUE
DU NORD. Depuis Terre-Neuve, le Labrador et le Canada
jusqu'à la Floride et la Louisiane. Pas encore signalé
dans les Etats de l'Ouest. — AMÉRIQUE DU SUD. Trinité
(Crüger ; *S. trinitense* C. Müll.)[3]. Colombie : Cauca
(Lehmann)[4]. — AUSTRALIE. Queensland, Moreton Bay
(Naumann ; *S. Naumanni* C. Müll.)[5].

1. Cfr. Warnst. Beitr. zur Kenntn. exot. Sph., in *Hedwigia*, 1890,
p. 236, pl. IX, fig. 26 à 29.

2. Cfr. Warnst. loc. cit., p. 236, pl. IX, fig. 30 à 33.

3. Cfr. Warnst. Beitr. zur Kenntn. exot. Sph., in *Hedwigia*, 1890,
p. 235, pl. IX, fig. 18 à 25 et pl. X, fig. 24.

4. Sullivant (Musc. Exped. Wilkes) indique aussi un *S. cuspidatum* à la Terre-de-Feu, Orange Harbor.

5. Cfr. Warnst. loc. cit., p. 236.

Variétés.

Buhnheimii *Warnst.* in *Bot. Centralbl.*, 1882, n° 3-5.

cuspidatiforme Breut. in herb. Sendtn. (Cfr. Warnst. in *Hedwigia*, 1888, p. 274).

falcatum *Russ.* Beitr. zur Kenntn. der Torfm., p. 59. (Syn. teste Warnstorf, in *Bot. Centralbl.*, 1882, n° 3-5 : var. *filiforme* Hpe mss. in herb. Braun; var. *fuscescens* Braun, mss. in herb.; var. *haplocladum* Sch. mss. in herb. Braun; var. *robustum* Hpe mss. in herb. Braun ; var. *subulatum* Hpe, loc cit.; var *uncinatum* Sendtn. mss. in herb. Braun).

filiforme Hpe. — var. falcatum *Russ.*

fuscescens Braun. — var. falcatum *Russ.*

haplocladum Sch. — var. falcatum *Russ.*

hypnoides *Sch.* Hist. nat. des Sph., p. 69, pl. XVI, fig. ε.

miquelonense *Ren. et Card.* apud Card. Rév. des Sph. de l'Am. du Nord, in *Bull. de la Soc. royale de Bot. de Belg.*, t. XXVI, part. I, p. 56 (18).

molle *Warnst.* in *Hedwigia*, 1888, p. 273.

monocladum *Klingg.* in litt., 1883.

plumulosum *Sch.* Hist. nat. des Sph., p. 69, pl. XVI, fig. γ^1, γ^2.

plumosum *Nees et Hsch.* Bryol. germ., p. 24. *Sch.* Hist. nat. des Sph., p. 69, pl. XVI, fig. δ.

polyphyllum *Schlieph.* Beiträge, p. 15.

robustum Hpe. — var. falcatum *Russ.*

serratum *Lesq. et Jam.* Man. of the Moss. of N. Am., p. 15 (Syn. : S. *serratum* Aust.; S. *trinitense* C. Müll.).

serrulatum *Schlieph.* Beiträge, p. 15.

submersum *Sch.* Hist. nat. des Sph., p. 68, pl. XVI, fig. β^1, β^2.

subulatum Hpe. — var. falcatum *Russ.*

tenellum *Warnst.* in *Hedwigia*, 1884, n° 7-8.

Torreyanum *Lesq. et Jam.* Man. of the Moss. of N. Am., p. 14. (Syn. : var. *Torreyi* Braithw. ex parte. S. *Torreyanum* Sulliv.).

Torreyi Braithw. (excl. syn. S. *mendocinum* Sulliv. et Lesq.). — var. *Torreyanum Lesq. et Jam.*

uncinatum Sendtn. — var. falcatum *Russ.*

cuspidatum { C. Müll. (1849). — recurvum *Pal. Beauv.* Lindb. (1856). — Lindbergii *Sch.*

cuspidatum

- Mitt.
  - (1859)
    - cuspidatulum *C. Müll.*
    - recurvum *Pal. Beauv. (S. rufulum C. Müll.).*
  - (1861). — Seemanni C. Müll.
- Röll (1886).[1]
  - cuspidatum (*Ehrh.*) *Russ. et Warnst.*
  - Dusenii *Jens.*
  - recurvum (*Pal. Beauv.*) *Russ. et Warnst.*
  - (Cfr. Warnstorf, in *Bot. Ver. der Prov. Brand.* XXXII, p. 180).
- Sch. (1858).
  - cuspidatum (*Ehrh.*) *Russ. et Warnst.*
  - recurvum (*Pal. Beauv.*) *Russ. et Warnst.*

cuspidatum forma *typica* Russ. (1865). — recurvum *Pal. Beauv.*

cuspidatum

- α Nees et Hsch. (1823). — recurvum *Pal. Beauv.*
- A *intermedium* Lindb. (1882). — recurvum *Pal. Beauv.*
- B *riparium* Lindb. (1882). — riparium *Angstr.*
- C *laxifolium* Lindb. (1882). — cuspidatum *Ehrh.*

cuspidatum subsp.

- *intermedium* Jens. (1883). — recurvum *Pal. Beauv.*
- 1 *intermedium* Dusén (1887). — recurvum *Pal. Beauv.*
- 2 *laxifolium* Dusén (1887). — cuspidatum *Ehrh.*

1. M. Röll (in *Flora*, 1886) attribue à son S. *cuspidatum* les variétés suivantes :

Bulnheimii *Warnst.*	robustum *Röll.*
crispulum *Warnst.* (= S. *Dusenii* Jens.).	Rœllii *Schlieph.*
	rigidulum *Röll.*
dimorphum *Röll.*	Schliephackeanum *Röll.*
flagellare *Röll.*	strictum (*Warnst.*). (= S. *recurvum* var. *mollissimum* Warnst. forma).
macrophyllum *Röll.*	
majus *Schlieph. et Röll.*	
recurvum *Röll.*	tenellum *Warnst.*

cuspidatum et var. *recurvum* Wils. (1855). — recurvum *Pal. Beauv.*

cuspidatum var.

brevifolium Lindb. (1880). — recurvum var. mollissimum (*Russ.*) *Warnst.*

capillifolium Nees et Ilsch. (   ). — riparium *Angstr.*

cirrosum Sendtn. (   ). — riparium *Angstr.*

crispulum Warnst. (1884). — Dusenii *Jens.*

deflexum Warnst. (1884). — Dusenii *Jens.*

densum Sendtn. (1838). — Lindbergii *Sch.*

Dusenii Jens. (1886). — Dusenii *Jens.*

fulvum Sendtn. (1838). — Lindbergii *Sch.*

latetruncatum Warnst. (   ). — convolutum *Warnst.*

majus Russ. (1865) (excl. syn. S. *riparium* Angstr.). { Dusenii *Jens.* / obtusum *Warnst.*

mollissimum Russ. (1865). — recurvum var. mollissimum (*Russ.*) *Warnst.*

Mougeotii Boulay (1872). — recurvum *Pal. Beauv.*

Nawaschinii Schlieph. (   ). — Dusenii *Jens.*

patens Angstr. (   ). — Wulfianum *Girgens.*

Peckii Aust. (   ). — Dusenii *Jens.*

porosum Schlieph. et Warnst. (1890). — Dusenii *Jens.*

Raueii Aust. (   ). — recurvum (*Pal. Beauv.*) *Russ. et Warnst.*

recurvum Russ. (1865). — recurvum *Pal. Beauv.*

speciosum Russ. (1865). — riparium *Angstr.*

uplandense Jaeger (1873). — recurvum *Pal. Beauv.*

cuspidatum var. Sulliv. (1874). — Dusenii *Jens.*

46. **cyclophyllum** Sulliv. et Lesq. (1856). — (*Subsecunda*).

1841. *obtusifolium* var. *turgidum* Hook. et Wils. in Drumm.
    Musci bor.-amer., ser. 2, n° 17.

1856. *cyclophyllum* Sulliv. et Lesq. Musci bor.-amer.
    exsicc., ed. 1, n° 5.

»   *cyclophyllum* Sulliv. Moss. of Un. Stat., p. 11.

1864.   —   Sulliv. Icon. Musc., p. 13, pl. 6.

1874.   —   Sulliv. Icon. Musc. Suppl., p. 16,
    pl. 7.

»   *laricinum* var. *cyclophyllum* Lindb. in *Not. ur Sällsk.
pro Fauna et Fl. fenn.*, XIII, p. 403, *ex parte*.

1880. *laricinum* var. *cyclophyllum* Braithw. The Sphagn.,
    p. 47, *ex parte*.

1882. *cyclophyllum* Lindb. Eur. och N. Am. hvitmoss.,
    p. 80.

»   *Hemitheca cyclophylla* Lindb. mss.

1884. *cyclophyllum* Lesq. et Jam. Man. of the Moss. of N.
    Am., p. 22.

»   *cyclophyllum* Warnst. Sphagnol. Rückbl., in *Flora*,
1884.

1887. *cyclophyllum* Card. Rév. des Sph. de l'Am. du Nord,
    in *Bull. de la Soc. royale de Bot. de Belg.*, t. XXVI,
    part. I, p. 50 (12). (Sub *S. subsecundo*).

1890. *cyclophyllum* Warnst. Contrib. to the knowl. of the
    N. Am. Sph., in *Bot. Gaz.*, XV, p. 224 (excl. syn.
    S. caldense β scorpioides Hpe ?)

1894. *cyclophyllum* Warnst. Characteristik und Uebers.,
    etc., in *Hedwigia*, 1894, p. 323.

(   ) *Drummondii* Wils. mss. in herb. (teste Braithwaite,
    The Sphagn., p. 47).

Distrib. — AMÉRIQUE DU NORD. New-Jersey, Caroline, Ala-
    bama, Louisiane. — AMÉRIQUE DU SUD. Brésil : Caraça,
    prov. de Minas-Geraes (Wainio ; var. *macrophyllum*
    Warnst.). [1]

---

1. Voir la note de la p. 30.

Variété.

macrophyllum *Warnst.* apud Broth. Contrib. fl. bryol. du Brésil, in
  Act. soc. sc. fenn., t. XIX, 1891, n° 5.

47. cymbifolioides C. Müll. (1851). — *(Subsecunda)*.

1851. *cymbifolioides* C. Müll. in *Bot. Zeit.* 1851, p. 546.

1854. *cymbophyllum* F. v. Müller in Musci Mosman., n° 767
  (teste Warnstorf, loc. cit.).

1891. *cymbifolioides* Warnst. Beitr. zur Kenntn. exot. Sph.,
  in *Hedwigia*, 1891, p. 36, pl. III, fig. 27ᵃ, 27ᵇ, pl. V,
  fig. v.

Distrib. — OCÉANIE. Australie : Green Cape (Mossman,
  1850); Parametta (F. v. Müller) ; Victoria (C. Walter).

cymbifolioides Breut. (1824). — cymbifolium *(Hedw.) Warnst.*
  var. squarrosulum *N. et H.*

48. cymbifolium (Hedw. 1782) Warnst. (1895). — *(Cym-*
bifolia).

1753. *palustre* α Linn. Sp. pl., ed. 1, t. II, p. 1106, *ex parte*.
1780.   — *cymbifolium* Ehrh. Hannov. Mag. , 1780,
  p. 235, *ex parte*.
1782. *cymbifolium* Hedw. Fund. Musc. II, p. 86, *ex parte*.
1792. *obtusifolium* Ehrh. Pl. crypt., n° 241.
  »   *deflexum* Gilib. Suppl. system., p. 561, *ex parte* (teste
  Lindberg, Eur. och N. Am. hvitm., p. 18).
1801. *latifolium* Hedw. Sp. Musc., p. 27, *ex parte*.
1803. *vulgare* Mich. Fl. bor. amer. II, p. 285, *ex parte*.
1805. *oblongum* Pal. Beauv. Prodr., p. 88 (teste C. Müller,
  Syn. I, p. 92 et Warnstorf, in *Bot. Centralbl.*, 1882,
  n° 3-5).
1806. *crassisetum* Brid. Sp. Musc., I, p. 15 (teste Lindb.,
  Eur. och N. Am. hvitm., p. 19).
  »   *patens* Brid. Sp. Musc., I, p. 13 (teste Warnstorf, in
  Hedwigia, 1890, p. 241).
1824. *cymbifolioides* Breutel, in *Bot. Zeit.*, 1824, p. 435.

1826. *cymbifolium* var. *patens* Brid. Bryol. univ. I, p. 4.

1849. *cymbifolium* C. Müll. Syn. I, p. 91, *ex parte.*

1858. — Sch. Hist. nat. des Sph., p. 74, pl. XIX, *ex parte.*

» *cymbifolium* Sch. Entw.-Gesch. der Torfm., p. 69, pl. XIX, *ex parte.*

1865. *cymbifolium* Russ. Beitr. zur Kenntn. der Torfm., p. 79, *ex parte.*

1871. *palustre* Lindb. in *Act. Soc. Sc. fenn.*, X, p. 8, *ex parte.*

1874. — Lindb. in *Not. ur Sällsk. pro Fauna et Fl. fenn.*, XIII, p. 399, *ex parte.*

1876. *cymbifolium* Sch. Syn. Musc. europ., ed. 2, p. 847, *ex parte.*

1880. *cymbifolium* Braithw. The Sphagn., p. 38, pl. V, *ex parte.*

» *glaucum* Klingg. Topogr. Fl. von Westpreuss., p. 126.

» *subbicolor* Hpe, in *Flora*, 1880, p. 440.

1881. *cymbifolium* var. 1 *vulgare* Warnst. Die europ. Torfm., p. 133, *ex parte.*

1882. *cymbifolium* Husnot, Sphagnol. europ., p. 5, *ex parte.*

» *palustre* Lindb. Eur. och N. Am. hvitmoss., p. 16, *ex parte.*

» *cymbifolium* subsp. *vulgare* Warnst. in *Flora*, 1882, p. 552, *ex parte.*

1884. *cymbifolium* Lesq. et Jam. Man. of the Moss. of N. Am., p. 21 (*ex parte?*)

» *cymbifolium* Warnst. Sphagnol. Rückbl., in *Flora*, 1884, *ex parte.*

» *palustre* Lindb. in *Med. Soc. Fauna et Fl. fenn.*, XIII, p. 184.

1885. *cymbifolium* Limpr. Laubm. I, p. 103, *ex parte.*

1886. — Röll, Zur System. der Torfm., in *Flora*, 1886.

» *glaucum* Röll, loc. cit.

» *subbicolor* Röll, loc. cit.

1886. *cymbifolium* (*species primaria*) Card. Sph. d'Eur., in
Bull. de la Soc. royale de Bot. de Belg., t. XXV, part. I,
p. 39 (23).

1887. *palustre* Dusén, On Sphagn. Utbredn. Skand., pp. 7
et 59.

» *palustre* subsp. *cymbifolium* Russ. in *Sitzungsber. der
Dorpat. Naturforsch.-Gesellsch.*, 1887, p. 312.

» *palustre* subsp. *cymbifolium* Russ. Zur Anatomie der
Torfm., p. 28.

» *cymbifolium* (*species primaria*) Card. Rév. des Sph.
de l'Am. du Nord, in *Bull. de la Soc. royale de Bot. de
Belg.*, t. XXVI, part. I, p. 42 (4) (excl. var. *ludovicianum* Ren. et Card).

1890. *cymbifolium* var. *laeve* Warnst. Contrib. to the knowl.
of the N. Am. Sph., in *Bot. Gaz.*, XV, p. 251.

» *cymbifolium* (*species primaria*) Jens. De danske Sph.-
Art., in *Bot. Foren-Festskr.*, 1890, p. 68 (19), pl. I, fig. 2.

1891. *cymbifolium* Venturi, Les Sph. europ., in *Rev. bryol.*,
1891, n° 6, p. 92, *ex parte*.

1894. *cymbifolium* Russ. Zur Kenntniss, etc., p. 101 (excl.
syn. *S. degenerans*).

» *cymbifolium* Warnst. Characteristik und Uebers.,
etc., in *Hedwigia*, 1894, p. 330.

1895. *cymbifolium* Warnst. in litt.

(　) *crassipes* Brid. mss. in herb. (teste Warnst. in *Bot.
Centralbl.*, 1882, n° 3-5).

Distrib. — EUROPE. Commun dans toute l'Europe moyenne et
septentrionale; descend dans la région méditerranéenne,
en Italie, en Corse, etc. — ASIE. Sibérie : vallée de l'Iéniséi (Arnell). Ile Saghalin (Schmidt). Japon (Siebold, de
Poli). Caucase : Abhasie, Kluchor, 2400-2500 m. (Levier).
— AFRIQUE. Açores : Terceira, Flores (Trelease); Fayal
(Godman). D'après M. Warnstorf, le *S. patens* Brid., de
la Réunion, appartient au *S. cymbifolium*. (Cfr. *Hedwigia*, 1890, p. 241). — AMÉRIQUE DU NORD. Répandu

depuis la région arctique jusqu'au golfe du Mexique. — AMÉRIQUE DU SUD. M. Mitten (*Musci austr.-amer.*, p. 625), indique le *S. cymbifolium* dans plusieurs des Antilles, dans les Andes de Bogota et de Quito, au Brésil et au Chili; mais il est probable qu'il s'agit de formes rentrant dans les différentes espèces démembrées de l'ancien *S. cymbifolium;* et il en est sans doute de même du *S. cymbifolium* indiqué par Sullivant à la Terre-de-Feu (*Musci Exped. Wilkes*, p. 2). — OCÉANIE. Indiqué en Tasmanie par M. Mitten (*Journ. of the Linn. Soc.*, 1859, p. 99), en Nouvelle-Zélande par Hooker (*Handbook of the N. Zeal. Fl.*, p. 402), en Nouvelle-Zélande et aux îles Sandwich par Sullivant (*Exped. Wilkes*); mais ces diverses indications se rapportent-elles bien au *S. cymbifolium* pris dans le sens actuel?

Variétés.

atroviride *Schlieph.* apud Röll, in *Irmischia*, 1884, et *Warnst.* in *Hedwigia*, 1884.

brachycladum *Warnst.* Die europ. Torfm., p. 134 (ut *S. cymbifolium* var. 1 *vulgare* β *brachycladum*).

compactum *Schlieph. et Warnst.* apud Warnst. in *Flora*, 1884 (Syn. : var. *strictum* Grav. in litt.).

congestum Sch. Hist. nat. des Sph., p. 75, pl. XIX, β¹, β² { cymbif. var. compactum *Schl. et Warnst.* / medium var. congestum *Schl. et Warnst.* }

deflexum *Schlieph.* apud Warnst., in *Hedwigia*, 1884, n° 7-8.

flaccidum *Warnst.*, in *Flora*, 1884.

fuscescens *Warnst.* Die europ. Torfm., p. 135 (ut *S. cymbifolium* var. 1 *vulgare* ζ *fuscescens*).

fusco-flavescens *Russ.* apud Warnst. Eur. Torfm., n° 322.

fusco-rubescens *Warnst.* Eur. Torfm., n° 323.

glaucescens *Warnst.* Contrib. N. Am. Sph., in *Bot. Gaz.*, XV (ut var. *laeve* f. *glaucescens*).

glauco-flavescens *Russ.* apud Warnst. Eur. Torfm., n°ˢ 318, 319.

globiceps Schlieph. — var. squarrosulum *N. et H.* forma.

grandisetum Brid. mss. in herb. — (Cfr. Warnstorf, in *Bot. Centralbl.*, 1882, n° 3-5).

Hampeanum *Warnst.* Die europ. Torfm., p. 136 (ut *S. cymbifolium*
    var. 1 *vulgare θ Hampeanum*). (Syn. : *S. subbicolor* Hpe, in
    Flora, 1880 ; *S. cymbifolium* var. *subbicolor* Warnst. in *Flora*,
    1884).

imbricatum *Röll*, in *Flora*, 1886.

laxum *Warnst.* Die europ. Torfm., p. 134 (ut *S. cymbifolium* var.
    1 *vulgare δ laxum*).

pallescens *Warnst.* Eur. Torfm., n° 9 (ut var. *laeve* f. *pallescens*).

purpurascens *Warnst.* in *Hedwigia*, 1884, n° 7-8.

purpurascens Warnst.	Die europ. Torfm., p. 136 (ut *S. cymbif.* var. 1 *vulgare η purpurascens*)	cymbif. var. purpurascens *Warnst.* medium *Limpr.*

pycnocladum *Mart.* Fl. Erlang., p. 17 (sub *S. obtusifolio*).

revolutum *Warnst.* in *Bot. Centralbl.*, 1882, n° 3-5.

Roellii *Schlieph.* apud Röll, in *Irmischia*, 1884.

squarrosulum *Nees et Hsch.* Bryol. germ. I, p. 8 (Syn. : var. *glo-
    biceps* Schlieph. in litt.).

strictum Grav. — var. compactum *Schlieph. et Warnst.* forma.

subbicolor Warnst. — var. Hampeanum *Warnst.*

turgidum Mart. in herb. Sendtn. (sub *S. palustri*) — (Cfr. Warnst.
    in *Hedwigia*, 1884, p. 274).

versicolor *Warnst.* Eur. Torfm., n° 7 (ut var. *laeve* f. *versi-
    color*).

cymbifolium	Hedw. (1782) et Auct.	centrale *Arn. et Jens.* cymbifolium (*Hedw.*) *Warnst.* medium *Limpr.* papillosum *Lindb.*
	Hsch., in Fl. brasil. ( ). — erythrocalyx *Hpe ?*	
	Mitt. (1859) saltem ex parte (n° 1289). — pseudo-cymbifolium *C. Müll.*	
	Warnst. (1881)	cymbifolium (*Hedw.*) *Warnst.* imbricatum (*Hsch.*) *Russ.* medium *Limpr.* papillosum *Lindb.*

*cymbifolium * compactum* Hartm. (1849). — rigidum *Sch.*

cymbifolium forma juvenilis C. Müll. (1849). — Pylaici
    Brid.

cymbifolium
subsp.

affine Card. (1887). — imbricatum (*Hsch.*) *Russ.* var. affine *Warnst.*

Austini Card. (1886). — imbricatum (*Hsch.*) *Russ.*

medium Card. (1886). — medium *Limpr.*

papillosum Warnst. (1882). — papillosum *Lindb.*

vulgare Warnst. (1882) { cymbifolium (*Hedw.*) *Warnst.* / medium *Limpr.*

1 *vulgare* Warnst. (1881) { cymbifolium (*Hedw.*) *Warnst.* / medium *Limpr.*

2 *papillosum* Warnst. (1881). — papillosum *Lindb.*

3 *Austini* Warnst. (1881). — imbricatum (*Hsch.*) *Russ.*

cymbifolium
var.

bourbonense Pal. Beauv. (   ). — cymbifolium var. patens *Brid.*

compactum { Russ. (1865). — medium *Limpr.* / Schultz (1819). — rigidum *Sch.*

condensatum C. Müll. (1849) ex parte. — imbricatum (*Hsch.*) *Russ.*

cordifolium Hartm. (   ). — Angstroemii *Hartm.*

densissimum Braun (1823). — papillosum *Lindb.* var. confertum *Lindb.*

fluitans Brid. Bryol. univ. I, p. 4 (1826). (Hibernia). — Quid ? (voir : *latifolium* var. *fluitans* Turn.).

Hampeanum f. *gracile* Warnst. (1882). — guadalupense *Sch.*

laeve Warnst. (1890). — cymbifolium (*Hedw.*) *Warnst.*

longifolium Brid. Muscol. recent. II, part. 1, p. 24 (1798). (Malacca). — Quid ? (Syn. : S. *cymbifolium* var. *longissimum* Brid. Bryol. univ. I, p. 4, 1826).

ludovicianum Ren. et Card. (1887). — ludovicianum *Warnst.*

macrocephalum Bernet in litt. (1885). — papillosum *Lindb.* var. Berneti *Röll.*

magellanicum Brid. (1826)
{ Bryol. univ. I, p. 4 (*specim.
magellan.*). — medium *Limpr.*
loc. cit., p. 749 (*specim. brasil.*).
— Quid ?

medium Sendtn. (   ). — medium *Limpr.*

papillosum Sch. (1876). — papillosum *Lindb.*

Paradisi Besch. (   ). — medium *Limpr.*

cymbifolium var.
patens Brid. (1826)
{ Bryol. univ. I, p. 4 (*specim. borbonica*). —
cymbifolium (*Hedw.*)
Warnst.
Loc. cit., p. 749 (*specim.
javanica*). — Quid ?
in herb. (*specim. ex ins. Hispaniola*). — meridense *C. Müll.*

purpurascens Russ. (1865). — medium *Limpr.*

squarrosum Bruch. (1823). — squarrosum
Pers.

sublaeve Warnst. (1890). — papillosum *Lindb.*

tenellum
{ Brid. (1798). — molluscum *Bruch.*
Hartm. (1858)
{ laricinum *Spr.* (Veri-
similiter *S. platy-
phyllum* Sulliv.) [1]
rufescens *Nees et Hsch.*

turgidum Mart. (1817). — papillosum *Lindb.*

cymbophyllum F. v. Müll. (1854). — cymbifolioides *C. Müll.*

---

1. Cfr. Lindb. Eur. och N. Am. hvitmoss., p. 26.

D

49. dasyphyllum Warnst. (1892). — (*Subsecunda*).

1892. *dasyphyllum* Warnst. Einige nouc exot. Sph., in
Hedwigia, 1892, p. 176, pl. XVI, fig. 7-9.

1894. *dasyphyllum* Warnst. Characteristik und Uebers., etc.,
in *Hedwigia*, 1894, p. 323.

Distrib. — Amérique du Nord. Connecticut : New-Haven
(A. W. Ewans).

decipiens Sulliv. et Lesq. ( ). — platyphyllum (*Sulliv.*)
Warnst.

deflexum Gilib. (1792) { acutifolium *Ehrh.*
cuspidatum *Ehrh.*
cymbifolium *Hedw.*

50. degenerans Warnst. (1889). — (*Cymbifolia*).

1889. *degenerans* Warnst. in *Bot. Centralbl.*, 1889, n° 17.

1891. — Warnst. Beitr. Zur Kenntn. exot. Sph., in
Hedwigia, 1891, p. 142, pl. XIV, fig. 7ᵃ, 7ᵇ, pl. XXI,
fig. i, kα, kβ.

1894. *cymbifolium forma* Russ. zur Kenntniss, etc., p. 101.

Distrib. — Europe. Angleterre : Cheshire, Carrington Moss
(G. A. Holt, 1886 et 1887).

Variété.

immersum Warnst. in *Bot. Centralbl.*, 1889, n° 17.

51. densum C. Müll. et Warnst (1896). — (*Acutifolia*).

1896. *densum* C. Müll. et Warnst. mss. (Warnst. in litt.
1896).

Distrib. — Amérique du Sud. Brésil.

denticulatum Brid. (1826). — obesum *Warnst.* ? an inundatum (*Russ.*) *Warnst.* ? (Cfr. Warnst., in *Bot. Centralbl.*,
1888, n° 3-5).

diblastum C. Müll. (1887). — acutifolium (*Ehrh.*) *Russ. et Warnst.*

domingense C. Müll. (1887). — mexicanum *Mitt.*

Drummondii Wils. (   ). — cyclophyllum *Sulliv. et Lesq.*

52. **dubiosum** Warnst. (1891). — (*Subsecunda*).

1891. *dubiosum* Warnst. Beitr. zur Kenntn. exot. Sph., in
    Hedwigia, 1891, p. 20, pl. I, fig. 7ª, 7ᵇ, pl. V, fig. dd.

Distrib. — OCÉANIE. Australie méridionale (miss Flora
    Campbell ; herb. Brotherus).

dubium Wils. (   ). — recurvum *Pal. Beauv.*

53. **Dusenii** Jens. (1888). — (*Cuspidata*).

1864. *laricinum* Angstr. in *Ofvers. V. Ak. Forh.* XXI, p. 197,
    non Spruce.

1865. *cuspidatum* var. *majus* Russ. Beitr. zur Kenntn. der
    Torfm., p. 58, *ex parte*.

1874. *cuspidatum* var. Sulliv. Icon. Musc. Suppl., p. 11, pl. 2.

1879. *riparium* " *fallax* Sanio, in litt. (teste Warnstorf).

1881. *variabile* var. 2 *cuspidatum* α *majus* (et β *fallax ?*)
    Warnst. Die europ. Torfm., p. 72.

  » *cavifolium* var. 2 *laricinum* δ *lapponicum* Warnst.
    loc. cit., p. 90.

1884. *recurvum* var. *porosum* Schlieph. et Warnst. apud
    Warnst. Sph. Rückbl., in *Flora*, 1884.

  » *cuspidatum* varr. *deflexum* et *crispulum* Warnst. in
    Hedwigia, 1884.

  » *cuspidatum* varr. *majus* (ex parte), *deflexum* et *cris-*
    pulum Warnst. Sphagn. Rückbl., in *Flora*, 1884.

1885. *laxifolium* var. *Dusenii* Jens. in litt.

1886. *cuspidatum* var. *Dusenii* Jens. in litt.

  » *recurvum* var. *obtusum* Limpr. Laubm. I, p. 132,
    ex parte.

  » *Limprichtii* var. *porosum* Röll, Zur System. der
    Torfm. in *Flora*, 1886.

1886. *cuspidatum* var. *crispulum* Röll, loc. cit.

 » *laxifolium* varr. *deflexum* et *majus* Röll, loc. cit.

 » *recurvum* subsp. *cuspidatum* var. *majus* Card. Sph. d'Eur. in *Bull. de la Soc. royale de Bot. de Belg.*, t. XXV, part. I, p. 101 (85), *ex parte.*

1887. *cuspidatum* var. *Nawaschinii* Schlieph. in litt. (teste Warnstorf).

1888. *obtusum* var. *Dusenii* Jens. apud Warnst. Europ. Torfm., n° 97.

 » *Dusenii* Jens. in litt.

 » *porosum* Schlieph. et Warnst. in *Hedwigia*, 1888, p. 276 (nomen solum, ut synon. *S. mendocini*).

1889. *Dusenii* Russ. et Warnst. in *Sitzungsber. der Dorpater Naturforsch.-Ges.*, 1889, pp. 99 et 106 (excl. syn. *S. mendocinum*).

1890. *mendocinum* Warnst. Die Cuspidatumgruppe der europ. Sph., in *Bot. Ver. der Prov. Brand.* XXXII, p. 210, pl. I, fig. 32 à 34 et pl. II, fig. l et m (non Sulliv. et Lesq.).

 » *mendocinum* Warnst. Contrib. to the knowl. of the N. Am. Sphagna, in *Bot. Gaz.* XV, p. 221, *pro maxima parte.*

 » *cuspidatum* var. *porosum* Schlieph. et Warnst. apud Warnst. Contrib. to the knowl. of the N. Am. Sphagna, in *Bot. Gaz.* XV, p. 222 (ut syn. *S. mendocini*).

 » *majus* Jens. De danske Sph.-Art., in *Bot. Foren. Festskr.*, 1890, p. 106 (57), pl. 2, fig. 24 et 33 (excl. syn. *S. mendocinum* Sulliv. et Lesq.).

 » *Dusenii* Warnst. Beitr. zur Kenntn. exot. Sph. in *Hedwigia*, 1890, pp. 215 et 237.

1891. *mendocinum* Venturi, Les Sph. europ. in *Rev. bryol.*, 1891, n° 6, p. 90 (non Sulliv. et Lesq.).

1893. *Dusenii* Warnst. Beitr. zur Kenntn. exot. Sph. in *Hedwigia*, 1893, p. 14.

1894. *Dusenii* Russ. Zur Kenntniss, etc., pp. 152 et 165.

1894. *Dusenii* Warnst. Characteristik und Uebers., etc., in
   Hedwigia, 1894, p. 316.
(   ) *controversum* Angstr. in herb. Geheeb (teste Warnstorf, in *Bot. Ver. der Prov. Brand.* XXXII, p. 210, sub
   S. mendocino).
   » *laricinum* Aust. Musci Appal. n° 31.
   » *cuspidatum* var. *Peckii* Aust. in herb. Columbia Coll.
   (teste Warnstorf, in *Hedwigia*, 1893, p. 14).
   » *recurvum* var. *robustum* Limpr. in litt.
Distrib. — EUROPE. Allemagne, Styrie, Russie, Finlande,
   Laponie, Danemark, Belgique. — ASIE. Sibérie occidentale (Wainio). — AMÉRIQUE DU NORD. Anticosti,
   Maine, New-Hampshire, New-York, Wisconsin.

Variétés.

aquaticum Warnst. Eur. Torfm., n°ˢ 279, 280.
angustifolium Jens. De danske Sph.-Art. (sub *S. majore*).
crispulum Warnst. in *Hedwigia*, 1884, n° 7-8 (sub *S. cuspidato*).
deflexum Warnst. loc. cit. (sub *S. cuspidato*).
fallax Warnst. in *Bot. Ver. der Prov. Brand.* XXXII, p. 212 (sub
   S. mendocino).
fuscescens Jens. De danske Sph.-Art. (sub *S. majore*).
majus (*Russ.*) Warnst. in *Bot. Ver. der Prov. Brand.* XXXII, p. 212
   (sub *S. mendocino*).
molle Warnst. Eur. Torfm., n° 369.
parvifolium Warnst. in *Hedwigia*, 1893, p. 14.

E

54. **elegans** C. Müll. (1887). — (*Cuspidata*).

1887. *elegans* C. Müll. Sphagn. nov. descript., in *Flora*,
   1887, p. 413.
1890. *elegans* Warnst. Beitr. zur Kenntn. exot. Sph., in
   Hedwigia, 1890, p. 224, pl. VIII, fig. 17 à 19, pl. X, fig. 9.
Distrib. — OCÉANIE. Nouvelle-Zélande : ile Australe, environs de Greymouth (Leg. R. Helms, n° 45, 1885).

55. ericetorum Brid. (1819). — (*Mollusca*).

1798. *condensatum* Brid. Muscol. recent. t. II, part. 1, p. 26 ?
1819. *ericetorum* Brid. Mant. Musc., p. 3.
   » *condensatum* Brid. loc. cit. ?
1825. *ericetorum* Brid. Bryol. univ. I, p. 17.
   » *condensatum* Brid. loc. cit., p. 18 ?
1849. *ericetorum* C. Müll. Syn. I, p. 103.
1882.   —   Warnst. in Bot. Centralbl., 1882, n° 3-5.
1890.   —   Warnst. Beitr. zur Kenntn. exot. Sph.,
   in *Hedwigia*, 1890, p. 227, pl. VIII, fig. 28, 29, pl. X,
   fig. 1 et 12.
Distrib. — AFRIQUE. La Réunion, plaine des Chicots (Bory
   de Saint-Vincent). Récolté aussi dans la même île par
   Kersten. [1]

ericetorum Besch. (1881). — obtusiusculum *Lindb.* forma
   (*verisim.*).

56. erosum Warnst. (1890). — (*Rigida*).

1890. *erosum* Warnst. Beitr. zur Kenntn. exot. Sph., in
   Hedwigia, 1890, p. 242, pl. XI, fig. 5, 6 et pl. XIV, fig i.
Distrib. — OCÉANIE. Nouvelle-Zélande (W. Bell, 1889 ;
   herb. Mitten) ; près de Greymouth (Helms, 1885 ; herb.
   Schliephacke).

57. erythrocalyx Hpe (1849). — (*Cymbifolia*).

(   ) *cymbifolium* Hsch. in Fl. bras. fasc. 1, p. 3 ?
   » *compactum* Hsch. loc. cit. ?
1849. *erythrocalyx* Hpe apud C. Müll. Syn. I, p. 92.

---

1. Le *S. condensatum* Brid., qui appartient peut-être au *S. ericetorum*, provient également de la Réunion, où il a été récolté par
Commerson. — La Sphaigne récoltée par Richard en 1837 et décrite
par M. Bescherelle dans sa *Florule*, n'est pas le vrai *S. ericetorum*
Brid. : il est probable que c'est une forme lâche et pâle du *S. obtusiusculum* Lindb., analogue ou identique au *S. Rodriguezii* Ren.
et Card. in litt.

1849. *perichaetiale* Hpe loc. cit., p. 93 (teste Warnstorf,
in *Hedwigia*, 1891, pp. 156 et 158).

1869. *peruvianum* Mitt. Musci austr.-amer., p. 625 (teste
Warnstorf, loc. cit.).

1874. *brevirameum* Hpe in *Vid. Medd. fra den naturhist.
Foren. i Kjöbenh.*, 1874, p. 129 (teste Warnstorf, loc.
cit.).

1879. *erythrocalyx* Hpe Enum. Musc. prov. brasil. Rio de
Janeiro et Sao-Paulo detect., p. 1.
 » *perichaetiale* Hpe loc. cit., p. 2.
 » *brevirameum* Hpe loc. cit. p. 2.

1889. *suberythrocalyx* C. Müll. in litt. (teste Warnstorf,
loc. cit.).

1890. *medium* var. *papillosum* Warnst. Contrib. to the
knowl. of the N. Am. Sph., in *Bot. Gaz.*, XV, p. 253.

1891. *erythrocalyx* Warnst. Beitr. zur Kenntn. exot. Sph.,
in *Hedwigia*, 1891, p. 156, pl. XV, fig. 15ª, 15ᵇ, 16ª, 16ᵇ,
16ᶜ, 16ᵈ, pl. XVI, fig. 17ª, 17ᵇ, 18ª, 18ᵇ, pl. XXII, fig. t,
uα, uβ, v, w.

1894. *erythrocalyx* Warnst. Characteristik und Uebers., etc.
in *Hedwigia*, 1894, p. 330.

Distrib. — AMÉRIQUE DU SUD. Brésil : Rio de Janeiro
(Beyrich; Glaziou, nᵒˢ 3537, 4548, 5154, 5197, 6389,
7132). Bolivie : Yungas (Rusby, nᵒˢ 3100, 3101; *S. peru-*
vianum Mitt.). Pérou : mt Campana (Spruce, nᵒ 1512;
S. peruvianum Mitt.).

Variétés.

laeve Warnst. in *Hedwigia*, 1891, p. 157. (*S. perichaetiale* Hpe;
S. peruvianum Mitt.; *S. suberythrocalyx* C. Müll.).
papillosum Warnst. loc. cit. (*S. brevirameum* Hpe).

F

58. falcatulum Besch. (1885). — (*Cuspidata*).

1885. *falcatulum* Besch. in *Flora*, 1885 (*nomen solum*).

» — Besch. Mouss. nouv. de l'Am. austr., in *Bull. de la Soc. bot. de France*, 1885, p. LXVII.

1889. *falcatulum* Besch. in Mission scient. du Cap Horn, t. V, Botanique, Cryptogamie, p. 307, pl. 6, fig. XXI.

1890. *falcatulum* Warnst. Beitr. zur Kenntn. exot. Sph., in *Hedwigia*, 1890, p. 236, pl. IX, fig. 14 à 17, pl. X, fig. 20 (sub *S. cuspidato*).

1894. *falcatulum* Warnst. Characteristik und Uebers., etc., in *Hedwigia*, 1894, p. 318.

1895. *falcatulum* Warnst. Beitr. zur Kenntn. exot. Sph., in *Allgem. bot. Zeitschr. für System., Flor., Pflanzengeogr., etc.*, 1895, nº 10.

( ) *Spegazzini* Schlieph. in herb. (teste Warnstorf, in *Hedwigia*, 1890, p. 236, et *Allgem. bot. Zeitschr.*, 1895, nº 10).

Distrib. — AMÉRIQUE DU SUD. Terre-de-Feu : île Hoste, baie Orange (Hariot, n° 174); sud de la presqu'île Hardy (Dʳ Hyades, n° 903; Hahn). Terre-des-Etats : port Cook (Dʳ Spegazzini, n° 93). Iles Falkland (Cunningham ; herb. Brotherus).

Variété.

microporum *Warnst.* Beitr. zur Kenntn. exot. Sph., in *Allgem. bot. Zeitschr. für System., Flor., Pflanzengeogr., etc.*, 1895, nº 10.

fallax Klinggr. (1880). — recurvum (*Pal. Beauv.*) *Russ. et Warnst.* var. mucronatum *Warnst.*

Feae C. Müll. (1891). — cuspidatulum *C. Müll.*

59. fimbriatum Wils. (1847). — (*Acutifolia*).

1847. *fimbriatum* Wils. in Hook. Fl. antarct. II, p. 398.

1851. *capillifolium* Doz. et Mlkb Fl. batav., p. 78 (teste Braithwaite, The Sphagn., p. 63).

1855. *fimbriatum* Wils. Bryol. brit., p. 21, t. LX.

1858. — Sch. Hist. nat. des Sph., p. 65, pl. XV.

» — Sch. Entw.-Gesch. der Torfm., p. 59, pl. XV.

1865. *fimbriatum* Russ. Beitr. zur Kenntn. der Torfm., p. 51.

1875. *teres* var. *concinnum* Berggr. in *V. Ak. Handl.* 13, n° 7, p. 94 et n° 8, p. 40.

1876. *fimbriatum* Sch. Syn. Musc. europ., ed. 2, p. 829.

1880. — Braithw. The Sphagn., p. 63, pl. XVI.

» *squarrosum* var. *laxum* Braithw. loc. cit., p. 61.

1881. *fimbriatum* Warnst. Die europ. Torfm., p. 114.

1882. — Husnot, Sphagnol. europ., p. 11.

» — Lindb. Eur. och N. Am. hvitmoss., p. 47.

1884. — Lesq. et Jam. Man. of the Moss. of N. Am., p. 14.

» *fimbriatum* Warnst. Sphagnol. Rückbl. in *Flora*, 1884.

1885. — Limpr. Laubm. I, p. 107.

1886. — Röll, System. der Torfm., in *Flora*, 1886.

» — Card. Sph. d'Eur., in *Bull. de la Soc. royale de Bot. de Belg.*, t. XXV, part. I, p. 78 (62).

1887. *fimbriatum* Dusén, On Sphagn. Utbredn. Skand., pp. 27 et 83.

» *fimbriatum* Card. Rév. des Sph. de l'Am. du Nord, in *Bull. de la Soc. royale de Bot. de Belg.*, t. XXVI, part. I, p. 53 (15).

1888. *fimbriatum* Warnst. Die Acutifoliumgruppe der europ. Torfm., in *Bot. Ver. der Prov. Brand.*, XXX, p. 93, pl. III, fig. 1ᵃ, 1ᵇ, pl. IV, fig. 1, 4, 5 et 6.

1890. *fimbriatum* Warnst. Contrib. to the knowl. of the N. Am. Sph., in *Bot. Gazette*, XV, p. 128.

» *fimbriatum* Jens. De danske Sph.-Art., in *Bot. Foren. Festskr.*, 1890, p. 97 (48), pl. 2, fig. 19, pl. 6, fig. 19ᵃ.

1891. *fimbriatum* Venturi, Les Sph. europ., in *Rev. bryol.*, 1891, n° 2, p. 22.

1894. *fimbriatum* Russow, Zur Kenntniss, etc., pp. 139 et 162.

»   *fimbriatum* Warnst. Characteristik und Uebers., etc., in *Hedwigia*, 1894, p. 308.

(   ) *subulatum* Bruch in herb. Kew. (teste Warnst. in *Bot. Gaz.*, XV, p. 128).

»   *acutifolium* var. *asperum* Sendtn. mss. in herb. Braun. (teste Warnst. in *Bot. Centralbl.*, 1882, n° 3-5).

»   *acutifolium* Auct. antiq. *ex parte*.

Distrib. — EUROPE. Assez répandu dans les plaines du Nord : Allemagne, Russie, Finlande, Laponie, Scandinavie, Danemark, Hollande, Belgique, Angleterre, Ecosse. Très rare en France : Ardennes (Cardot), Meuse (Panau), env. de Paris (Camus), Allier (Berthoumieu). S'élève peu dans les montagnes : 740 m. dans les Sudètes, 600 m. dans la Basse-Autriche. — ASIE. Sibérie : vallées de l'Obi et de l'Iéniséi (Arnell). Japon : Nippon nord (Faurie ; teste Bescherelle, *Nouv. docum. pour la Fl. bryol. du Japon*). — AMÉRIQUE DU NORD. Groenland, Terre-Neuve, Miquelon, Canada, Maine, New-Hampshire, Massachusetts, New-Jersey, Minnesota, Wyoming, Sierra Nevada, Alaska. — AMÉRIQUE DU SUD. Magellan, ile Hermite (J. D. Hooker). Chili : Valdivia (Gay). Andes. (Cfr. Warnst., in *Hedwigia*, 1890, p. 181). [1]

Variétés.

arcticum *Jens.* (Ubi ?).

compactum *Warnst.* Die europ. Torfm., p. 115.

concinnum *Berggr.* in *Vet. Ak. Handl.* XIII (sub *S. tereti*). (Syn. : var. *strictum* Grav. apud Warnst., in *Flora*, 1884.

---

1. Le *S. fimbriatum* est indiqué aussi aux iles Falkland et en Nouvelle-Zélande, Middle Island (Lyall). Teste Hooker, *Handbook N. Zeal. Fl.*, p. 402.

densum *Röll*, in *Bot. Centralbl.*, 1891, n° 21-22.

flagellaceum *Schlieph.* in *Irmischia*, 1882 (Syn. : var. *flagelliforme* Warnst., in *Flora*, 1882, n° 13).

flagelliforme Warnst. — var. flagellaceum *Schlieph.*

gracilescens *Röll*, in *Bot. Centralbl.*, 1891, n° 21-22.

robustum *Braithw.* Sph. brit. exsicc., n° 44. (Syn. : *S. squarrosum* var. *laxum* Braithw.).

strictum Grav. — var. concinnum *Berggr.*

squarrosulum *H. Müll.* Westph. Laubm., n° 241.

submersum *Warnst.* (Ubi ?).

submersum *Röll*, in *Flora*, 1886.

tenue *Grav.* in litt.

trichodes *Russ.* apud Jens. De danske Sph.-Art.

validius *Card.* in *Rev. bryol.*, 1884, n° 4, p. 55.

fimbriatum Wils. in herb. Ind. or. { n° 1288. — Girgensohnii *Russ.* (*S. Hookeri* C. Müll.).
n° 1293. — Junghuhnianum *Doz. et Mlkb.*

fimbriatum forma *strictum* Lindb. (1862). — Girgensohnii *Russ.*

fimbriatum var. *majus* A. Braun (   ). — Girgensohnii *Russ.*

60. **Fitzgeraldi** Ren. et Card. (1883). — (*Cuspidata*).

1883. *Fitzgeraldi* Ren. et Card. in litt.

1884.   —   Ren. apud Lesq. et Jam. Man. of the Moss. of N. Am., p. 23. [1]

1885. *Fitzgeraldi* Ren. et Card. in *Rev. bryol.*, 1885, n° 3, p. 46.

1887. *Fitzgeraldi* Card. Rév. des Sph. de l'Am. du Nord, in *Bull. de la Soc. royale de Bot. de Belg.*, t. XXVI, part. I, p. 57 (19).

1890. *Fitzgeraldi* Warnst. Die Cuspidatumgruppe der europ. Sph., in *Bot. Ver. der prov. Brand.*, XXXII, p. 178, pl. I, fig. 54 à 58, pl. II, fig. w.

---

1. C'est par suite d'un oubli de Lesquereux que le nom de M. Renauld est cité seul, au lieu de : Ren. et Card.

64 J. CARDOT.

1890. *Fitzgeraldi* Warnst. Beitr. zur Kenntn. exot. Sph.,
in *Hedwigia,* 1890, p. 232, pl. IX, fig. 7 à 13, pl. X,
fig. 18.
» *Fitzgeraldi* Warnst. Contrib. to the knowl. of the
N. Am. Sph., in *Bot. Gaz.,* XV, p. 222.
1894. *Fitzgeraldi* Warnst. Characteristik und Uebers., etc.,
in *Hedwigia,* 1894, p. 318.
Distrib. — AMÉRIQUE DU NORD. Floride (Fitzgerald). —
Curieuse petite espèce, vivant sur les troncs et les
feuilles des Palmiers, comme les Mousses épiphytes.

61. **flaccidum** Besch. (1877). — (*Subsecunda*).

1877. *flaccidum* Besch. Note sur les Mousses du Paraguay,
in *Mém. Soc. nat. sc. nat. de Cherbourg,* XXI, p. 272.
1891. *flaccidum* Warnst. Beitr. zur Kenntn. exot. Sph., in
Hedwigia, 1891, p. 42, pl. III, fig. 34ᵃ, 34ᵇ, pl. V, fig. bb.
1894. *flaccidum* Warnst. Characteristik und Uebers., etc.,
in *Hedwigia,* 1894, p. 324.
Distrib. — AMÉRIQUE DU SUD. Paraguay : Villa-Rica,
prairies marécageuses à l'est de la Cordillère (Balansa,
1874, n° 1260).

flaccirameum C. Müll. (1891). — pallidum *Warnst.*

62. **flavicans** Warnst. (1895). — (*Subsecunda*).

1895. *flavicans* Warnst. Beitr. zur Kenntn. exot. Sph., in
Allgem. bot. Zeitschr. für System., Flor., Pflanzengeogr.,
etc., 1895, n° 11.
Distrib. — AMÉRIQUE CENTRALE. Mexique : à l'ouest de
Oaxaca, 9000 p. (C. G. Pringle ; herb. Faxon).

63. **flavicaule** Warnst. (1890). — (*Acutifolia*).

1890. *flavicaule* Warnst. Beitr. zur Kenntn. exot. Sph., in
Hedwigia, 1890, p. 190, pl. IV, fig. 3ᵃ, 3ᵇ, pl. VII,
fig. 17.
1894. *flavicaule* Warnst. Characteristik und Uebers., etc.,
in *Hedwigia,* 1894, p. 309.

Distrib. — AMÉRIQUE DU SUD. Venezuela : la Grita (Karsten). Pérou (   ).

flexuosum Doz. et Mlkb. (1851). — recurvum *Pal. Beauv.*

64. floridanum Card. (1887). — (*Macrophylla*).

1880. *macrophyllum* var. *floridanum* Aust. in *Bull. Torr. Bot. Club.*, VII, p. 15.

1882. *cribrosum* Lindb. Eur. och N. Am. hvitmoss., p. 74. [1]

1884. *macrophyllum* var. *floridanum* Lesq. et Jam. Man. of the Moss. of N. Am., p. 24.

1887. *floridanum* Card. Rév. des Sph. de l'Am. du Nord, in *Bull. de la Soc. royale de Bot. de Belg.*, t. XXVI, part. I, p. 60 (22).

1890. *floridanum* Warnst. Contrib. to the knowl. of the N. Am. Sph., in *Bot. Gaz.*, XV, p. 198.

» *floridanum* Warnst. Beitr. zur Kenntn. exot. Sph., in *Hedwigia*, 1890, p. 231, pl. X, fig. 16, 17 et 19.

1893. *floridanum* Warnst. op. cit. in *Hedwigia*, 1893, p. 12, pl. IV, fig. 12^b, 12^c.

1894. *floridanum* Warnst. Characteristik und Uebers., etc., in *Hedwigia*, 1894, p. 315.

Distrib. — AMÉRIQUE DU NORD. Floride (John Donnell Smith, Austin, J. C. Sands). Louisiane (Langlois). Espèce rare.

65*. fluctuans C. Müll. (1887). — (*Cuspidata ?*).

1887. *fluctuans* C. Müll. Sph. nov. descript., in *Flora*, 1887, p. 414.

(   ) *marginatum* var. *fluctuans* Hpe in herb.

---

1. Il est bien singulier que Lindberg, si pointilleux sur les questions de priorité, se soit permis de créer un nom nouveau pour cette espèce, en reléguant en synonyme, sans un mot d'explication, la dénomination d'Austin, antérieure de deux ans. Comme il n'existe aucune raison valable pour justifier ce changement de nom, c'est bien le cas d'appliquer la peine du talion à ce grand admirateur du « droit historique du nom. »

Distrib. — Afrique australe : Gnadenthal, eaux courantes (Breutel ; herb. Hampe).

66. **fontanum** C. Müll. (1891). — (*Subsecunda*).

1889. *latetruncatum* Warnst. in litt. (teste Warnst. loc. cit.).

1891. *fontanum* C. Müll. apud Warnst. Beitr. zur Kenntn. exot. Sph., in *Hedwigia*, 1891, p. 38, pl. III, fig. 30ᵃ, 30ᵇ, pl. V, fig. x.

1894. *fontanum* Warnst. Characteristik und Uebers., etc., in *Hedwigia*, 1894, p. 324.

Distrib. — Amérique du Sud. Brésil : Rio de Janeiro (E. Ule, 1887, n° 174; herb. C. Müller); Santa-Catharina (herb. Mitten).

fulvum Sendtn. (1839). — Lindbergii *Sch.*

67. **fuscum** Klingg. (1872). — (*Acutifolia*).

1858. *acutifolium* var. *fuscum* Sch. Hist. nat. des Sph., p. 64, pl. XIII. fig. *t*.

» *acutifolium* var. *fuscum* Sch. Entwick.-Gesch. der Torfm., p. 57, pl. XIII, fig. *t*.

1865. *acutifolium* var. *fuscum* Russ. Beitr. zur Kenntn. der Torfm., p. 40.

1868. *acutifolium* varr. *fuscescens* et *fuscoluteum* Braun mss. in herb. (Cfr. Warnst. in *Bot. Centralbl.*, 1882, n° 3-5, et in *Bot. Ver. der Prov. Brand.*, XXX, p. 101.

1872. *fuscum* Klingg. Beschr. der in Preuss. gef. Art. und Var. der Gatt. Sph., in *Schrft. d. phys.-ök. Ges. Königsb.*, 1872, p. 4.

1876. *acutifolium* var. *fuscum* Sch. Syn. Musc. europ., ed. 2, p. 826.

1880. *acutifolium* var. *fuscum* Braithw. The Sphagn., p. 72, pl. XX, fig. *ι*.

1881. *acutifolium* var. *fuscum* Warnst. Die europ. Torfm., p. 41.

1882. *acutifolium* var. *fuscum* Husnot, Sphagnol. europ., p. 13.

1884. *acutifolium* var. *fuscum* Lesq. et Jam. Man. of the
Moss. of N. Am., p. 13.

» *acutiforme* var. *fuscum* Warnst. Sphagnol. Rückbl.,
in *Flora*, 1884.

1885. *fuscum* Limpr. Laubm. I, p. 114.

1886. — Röll, System. der Torfm., in *Flora*, 1886.

» *acutifolium* var. *fuscum* Card. Sph. d'Eur., in *Bull. de
la Soc. royale de Bot. de Belg.*, t. XXV, part. I, p. 88 (72).

1887. *nemoreum* Dusén, On Sphagn. Utbredn. Skand.,
p. 30, *ex parte*.

» *acutifolium* var. *fuscum* Card. Rév. des Sph. de
l'Am. du Nord, in *Bull. de la Soc. royale de Bot. de Belg.*,
t. XXVI. part. I, p. 53 (15).

1888. *fuscum* Warnst. Die Acutifoliumgruppe der europ.
Torf., in *Bot. Ver. der Prov. Brand.* XXX, p. 100, pl. III,
fig. 4[a], 4[b], pl. IV, fig. 11[a, b, c] et 12[a, b].

1890. *fuscum* Warnst. Contrib. to the knowl. of the N. Am.
Sph., in *Bot. Gaz.*, XV, p. 133.

» *fuscum* Jens. De danske Sph.-Art. in *Bot. Foren.
Festskr.*, 1890, p. 91 (42), pl. 2, fig. 16.

1891. *fuscum* Venturi, Les Sph. europ. in *Rev. bryol.*, 1891,
n° 2, p. 24.

1894. *fuscum* Russ. Zur Kenntniss, etc., pp. 146 et 163.

» — Warnst. Characteristik und Uebers., etc.,
in *Hedwigia*, 1894, p. 309.

( ) *acutifolium* var. *fusco-viride* Russ. mss. in herb.
Braun (teste Warnst. in *Bot. Centralbl.*, 1882, n° 3-5 et
in *Bot. Ver. der Prov. Brand.*, XXX, p. 101).

Distrib. — EUROPE. Disséminé dans toute la zone moyenne
et septentrionale; plaines et montagnes. S'élève dans
l'Engadine jusqu'à 1870 m. — AMÉRIQUE DU NORD.
Groenland, Labrador, Terre-Neuve, Miquelon, Canada,
Maine, New-Hampshire, Vermont, Massachusetts,
New-York, Indiana, Minnesota, Montagnes Rocheuses,
Washington, île Vancouver, Alaska.

Variétés.

compactum *Röll,* in *Flora,* 1886.

densum *Röll,* in *Bot. Centralbl.,* 1891, n° 21-22.

elongatum *Card.* Sph. d'Eur., 1886. (Sub *S. acutifolio,* ut var. *fuscum* f. *elongatum*).

filiforme *Röll,* in *Bot. Centralbl.,* 1891, n° 21-22.

flaccidum *Röll,* loc. cit.

fuscescens *Warnst.* in *Bot. Ver. der Prov. Brand.,* XXX, p. 103.

fusco-viride (*Russ.*) *Warnst.* loc. cit.

gracile *Röll,* in *Bot. Centralbl.,* 1891, n° 21-22.

pallescens *Warnst.* — var. pallens *Warnst.*

pallens *Warnst.* in *Bot. Ver. der Prov. Brand.,* XXX, p. 103 (Syn : var. *pallescens* Warnst. Eur. Torfm., n° 380).

robustum *Röll,* in *Bot. Centralbl.,* 1891, n° 21-22.

stellare *Röll,* loc. cit.

strictum *Warnst.* in *Flora,* 1884. (Sub *S. acutiformi,* ut var. *fuscum* f. *strictum*).

viride *Warnst.* in *Bot. Ver. der Prov. Brand.,* XXX, p. 103.

G

gabonense Besch. (1883). — cuspidatum (*Ehrh.*) *Russ. et Warnst.* forma.

68. Garberi Lesq. et Jam. (1879). — (*Rigida*).

1849. *humile* Sch. apud Sulliv. in *Mem. Amer. Acad. n. ser.,* 1849, p. 175.

1856. *humile* Sulliv. Musci of the Un. Stat., p. 111.

1864. *humile* Sulliv. Icon. Musc., p. 5, pl. 3.

(verisimiliter).[1]

1. La description et la planche que donne Sullivant du *S. humile* Sch. (*Icones Muscorum*, p. 5, pl. III), d'après un échantillon de la plante originale, récolté à Tallahassee, en Floride, par Rugel et communiqué à l'auteur par Schimper lui-même, conviennent exactement au *S. Garberi* Lesq. et Jam. Il est vrai que M. Warnstorf déclare (*Hedwigia*, 1890, p. 209 et *Bot. Gaz.,* 1890, p. 226) avoir vu un échantillon de *S. humile* récolté par Lesquereux dans la Caroline

1879. *Garberi* Lesq. et Jam. in *Proc. Amer. Acad.*, XIV, p. 133.
1884. — Lesq. et Jam. Man. of the Moss. of N. Am.,
    p. 18.
1887. *Garberi* Card. Rév. des Sph. de l'Am. du Nord, in
    Bull. de la Soc. royale de Bot. de Belg., t. XXVI, part. 1,
    p. 48 (10).
  » *rigidum* Card. loc. cit. *ex parte*.
1890. *compactum* Warnst. Contrib. to the knowl. of the
    N. Am. Sph., in *Bot. Gaz.*, XV, p. 226, *ex parte*.
  » *Garberi* Warnst. Beitr. zur Kenntn. exot. Sph., in
    Hedwigia 1890, p. 245, pl. XI, fig. 7 à 9, pl. XIV, fig. n.
1893. *Garberi* Warnst. op. cit., in *Hedwigia*, 1893, p. 15.
1894. — Warnst. Characteristik und Uebers., etc., in
    Hedwigia, 1894, p. 320.
( ) *rigidum* var. *humile* Aust. in herb., *ex parte* (teste
    Warnst., in *Hedwigia*, 1890, p. 245.)

et communiqué par Schimper à M. Geheeb, échantillon qui ne représente qu'une forme incomplètement développée du *S. molle* Sulliv.
Mais il est probable que Schimper a rapporté à tort l'échantillon en
question au *S. humile*, et il me semble que l'on doit considérer
comme seul type de cette espèce la Sphaigne récoltée, bien antérieurement, par Rugel, communiquée par Schimper à Sullivant sous
le nom de *S. humile* et décrite et figurée par le célèbre bryologue
américain dans ses *Icones*. Or, un simple coup d'œil jeté sur la
planche III des *Icones*, démontre surabondamment que cette Sphaigne n'a aucun rapport avec le *S. molle* Sulliv., tandis que tous les
détails de la description et des figures conviennent parfaitement au
S. Garberi Lesq. et Jam., notamment en ce qui concerne les cellules
chlorophylleuses des feuilles raméales « versus folii dorsum positis
» ibidemque submersis, transverse sectis cuneiformi-ellipticis. »
De plus, Sullivant ajoute : « The species is perhaps too near the
» squarrose-leaved forms of *S. rigidum* Sch. (*S. compactum* Brid.)
» which abound in the Southern United States; » et l'on sait que le
S. Garberi possède précisément tout le facies de la var. *squarrosum* du *S. rigidum*. Dans ces conditions, l'identité du *S. humile*
Sch. avec le *S. Garberi* Lesq. et Jam., me semble à peu près
démontrée ; si elle est ultérieurement confirmée par l'examen d'un
échantillon de la Sphaigne de Rugel, on devra substituer la dénomination de Schimper à celle, de beaucoup postérieure, de Lesquereux et James.

Distrib. — AMÉRIQUE DU NORD. Labrador, Terre-Neuve
(Waghorne); Maine (Faxon et Rand); New-Jersey
(D' Evans); Floride (Garber, Knight, Underwood).

Variétés.

squarrosulum *Warnst.* in *Hedwigia*, 1893, p. 15.
squarrosum *Warnst.* Eur. Torfm., n° 214.
subsquarrosum *Warnst.* in *Hedwigia*, 1893, p. 15.

69. **Gedeanum** Doz. et Molkenb. (1854). — (*Acutifolia*).

1854. *Gedeanum* Doz. et Molkenb. apud Dozy, *Verhandel.
d. Koningl. Akad. v. Wetensch.* 1854.

1855. *Gedeanum* Doz. et Molkenb. Bryol. jav. I, p. 28,
tab. XIX.

1890. *Gedeanum* Warnst. Beitr. zur Kenntn. exot. Sph., in
Hedwigia, 1890, p. 199, pl. V, fig. 12ᵃ, 12ᵇ, pl. VII, fig. q.

Distrib. — ARCHIPEL MALAIS. Java : mt. Gedeh (Teysmann);
mt. Pangerango (Wichura, Motley); forêt de Tjibodas
(Massart). Nouvelle-Guinée (Mac Gregor). — Indiqué
aussi dans les montagnes du Khasian, par M. Mitten
(*Musci Ind. or.*, p. 156).

Georgianum Schwein (1820). — macrophyllum *Bernh.*

70. **Girgensohnii** Russ. (1865). — (*Acutifolia*).

1823. *acutifolium* var. *tenue* Bryol. germ. I, p. 22 (teste
Warnstorf.)

1859. *acutifolium* Mitt. Musc. Ind. or., p. 156.

1862. *fimbriatum* forma *strictum* Lindb. in *Oefv. Vet. Ak.*,
XIX, p. 138.

»   *strictum* Lindb. loc. cit. in nota, ut synon. [1]

---

1. Lindberg avait complètement méconnu les caractères qui sépa-
rent cette Sphaigne du *S. fimbriatum,* puisqu'en 1862 il en faisait
une simple forme de ce dernier. Et ce n'est qu'après que M. Russow
eut bien caractérisé le *S. Girgensohnii,* que Lindberg, se décidant
à reconnaître l'espèce, va rechercher, pour le substituer à la dénomination de Russow, le nom donné par lui, dix ans auparavant, à
une *forme* du *S. fimbriatum !* Il me semble vraiment impossible de
ne pas laisser à M. Russow la paternité de cette espèce.

1865. *Girgensohnii* Russ. Beitr. zur Kenntn. der Torfm.,
p. 46.

1872. *strictum* Lindb. in *Act. Soc. sc. fenn.*, 1872, p. 263.

1874. *Hookeri* C. Müll. in *Linnaea*, 1874, p. 547 (teste
Warnst., in *Hedwigia*, 1890, p. 180.)

» *Girgensohnii* Sulliv. Icon. Musc. Suppl., p. 14, pl. 5.

1876.   —   Sch. Syn. Musc. europ. ed. 2, p. 827.

1877. *leptocladum* Besch. in herb. Mus. Paris (teste
Warnst., in *Hedwigia,* 1890, p. 180.)

1880. *strictum* Braithw. The Sphagn., p. 64, pl. XVII.

1881. *Girgensohnii* Warnst. Die europ. Torfm. p. 116.

» *acutifolium* var. *fallax* Warnst. loc. cit., p. 42, *ex parte.*

1882. *Girgensohnii* Husnot, Sphagnol. europ., p. 12.

» *strictum* Lindb. Eur. och. N. Am. hvitm., p. 49.

1884.   —   Lesq. et Jam. Man. of the Moss. of N. Am.,
p. 13.

» *Girgensohnii* Warnst. Sphagnol. Rückbl., in *Flora,*
1884.

1885. *Girgensohnii* Limpr. Laubm. I, p. 108 (excl. var.
roseum).

1886. *Girgensohnii* Röll, System. der Torfm., in *Flora,* 1886.

» *Warnstorfii* Röll, loc. cit., *ex parte.*

» *acutifolium* subsp. *Girgensohnii* Card. Sph. d'Eur., in
Bull. de la Soc. royale de Bot. de Belg., t. XXV, part. I,
p. 90 (74).

1887. *Girgensohnii* Dusén, On Sphagn. Utbredn. skand.,
pp. 28 et 88.

» *Girgensohnii* Russ. in *Sitzungsber. der Dorpat. Naturforsch.-Gesellsch.,* 1887, p. 323.

» *acutifolium* subsp. *Girgensohnii* Card. Rév. des Sph.
de l'Am. du Nord, in *Bull. de la Soc. royale de Bot. de
Belg.,* t. XXVI, part. I, p. 53 (15).

1888. *Girgensohnii* Warnst. Die Acutifoliumgruppe der
europ. Torfm., in *Bot. Ver. der Prov. Brand.,* XXX,
p. 95, pl. III, fig. 2ᵃ, 2ᵇ, pl. IV, fig. 2, 7 et 8.

1890. *Girgensohnii* Warnst. Contrib. to the knowl. of the
     N. Am. Sph., in *Bot. Gaz.*, XV, p. 128.

     —   *Girgensohnii* Jens. De danske Sph.-Art., in *Bot.
     Foren. Festskr.*, 1890, p. 94 (45), pl. 2, fig. 18.

1891. *Girgensohnii* Venturi, Les Sph. europ., in *Rev. Bryol.*,
     1891, n° 2, p. 22.

1894. *Girgensohnii* Russ., Zur Kenntn., etc., pp. 140 et 162.

     »   —   Warnst. Characteristik und Uebers.,
     etc., in *Hedwigia*, 1894, p. 308.

(   ) *acutifoliun* var. *filiforme* Sendtn. in herb. (teste
     Warnst. in *Hedwigia*, 1888, p. 275.)

     »   *fimbriatum* Wils. in herb. Ind. or., n° 1288.

     »   —   var. *majus* Braun. in herb.

Distrib. — Europe. Répandu dans toute la zone moyenne
     et septentrionale, surtout dans les régions monta-
     gneuses. S'élève jusqu'à 2,300 m. dans les Alpes de
     Styrie, et 2,400 m. dans les Alpes rhétiques. Signalé
     en Islande et au Spitzberg; s'avance vers le sud en
     Italie, dans les Appennins, l'Etrurie et les monts du
     Trentin. — Asie. Tartarie (*S. leptocladum* Besch.);
     Sibérie, baie de Castries (Maximowicz, teste Lindberg);
     ile Sagchalin (Schmidt, teste Lindberg); Japon (Bisset,
     teste Mitten); Yunnan (Delavay, teste Bescherelle);
     Himalaya : Népaul, Sikkim (*S. Hookeri* C. Mull. ;
     Hooker et Thomson, n°ˢ 1285, 1288). — Amérique du
     Nord. Groenland, Labrador, Terre-Neuve, Miquelon,
     Canada, Maine, New-Hampshire, Massachusetts,
     New-York, Connecticut, New-Jersey, Wisconsin,
     Washington.

Variétés

albescens *Röll*, in *Flora*, 1886.

commune *Russ.* apud Warnst. Europ. Torfm., n° 373.

compactum *Röll*, in *Flora*, 1886.

coryphaeum *Russ.* apud Warnst. Europ. Torfm., n°ˢ 27 à 37.

cristatum *Russ.* apud Jens. De danske Sph.-Art. et Warnst. Europ.
     Torfm., n°ˢ 41 à 49.

deflexum *Schlieph.* apud Röll, in *Irmischia,* 1884.

densum *Grav.* apud Warnst., in *Hedwigia,* 1884, n° 7-8.

dimorphum *Röll,* in *Flora,* 1886.

fibrosum *Warnst.,* in *Flora,* 1884.

flaccidum Schlieph. — var. flagellare *Schlieph.*

flagellare *Schlieph.* apud Warnst. in *Flora,* 1884. (Syn. : var. *flaccidum* Schlieph. apud Röll, in *Irmischia,* 1884).

gracilescens Grav., apud Warnst., in *Hedwigia,* 1884, n° 7-8. (Syn. : var. *gracilescens* Schlieph. apud Röll, in *Irmischia,* 1884? ; varr. *molle* et *pulchrum* Grav. mss.).

gracilescens Schlieph. — var. gracilescens *Grav.?*

hydrophilum Russ. — var. hygrophilum *Russ.*

hygrophilum *Russ.* apud Warnst. Europ. Torfm., n°ˢ 224 et 376. (Syn. : var. *hydrophilum* Russ. apud Jens. De danske Sph.-Art.).

laxifolium *Warnst.* in *Flora,* 1882, n° 13.

laxum *Röll,* in *Flora,* 1886.

leptostachys *Russ.* apud Jens. De danske Sph.-Art., et Warnst. Europ. Torm., n°ˢ 38 à 40.

molle Grav. — var. gracilescens *Grav.* forma.

molle *Russ.* apud Warnst. Europ. Torfm., n°ˢ 115 à 121.

pallens *Röll,* in *Flora,* 1886 (sub *S. Warnstorfii* Röll. Cfr. Warnst. in *Bot. Ver. der Prov. Brand.,* XXX, p. 97).

pulchrum Grav. — var. gracilescens *Grav.* forma.

pumilum *Angstr.* apud Warnst. Die europ. Torfm., p. 119.

sphaerocephalum *Warnst.,* in *Hedwigia,* 1893, p. 15.

speciosum *Limpr.,* 58 Jahr. d. schles. Ges., p. 185.

squarrosulum *Russ.* Beitr. zur Kenntn. der Torfm., p. 47.

stachyodes *Russ.* apud Warnst. Europ. Torm., n°ˢ 50 à 58.

strictum *Russ.* Beitr. zur Kenntn. der Torfm., p. 47.

subfibrosum *Röll,* in *Flora,* 1886 (sub *S. Warnstorfii* Röll. Cfr. Warnst. in *Bot. Ver. der Prov. Brand.* XXX, p. 97).

submersum *Röll,* in *Flora,* 1886.

tenellum *Röll,* loc. cit.

tenue *Röll,* loc. cit.

teretiusculum *Warnst.* in *Hedwigia,* 1893, p. 15.

xerophilum *Russ.* apud Jens. De danske Sph.-Art., et Warnst. Europ. Torfm., n°ˢ 217 à 222.

Girgensohnii var. { *majus* Röll (1885). — robustum *Röll.*
{ *roseum* Limpr. (1885). — robustum *Röll.*

glaucum Klingg. (1880).[1] — cymbifolium (*Hedw.*) *Warnst.* var. squarrosulum *N. et H.*

71. Godmanii Warnst. (1890). — (*Acutifolia*).

1890. *Godmanii* Warnst. Beitr. zur Kenntn. exot. Sph., in *Hedwigia*, 1890, p. 189, pl. IV, fig. 1ᵃ, 1ᵇ, pl. VII, fig. 19.

Distrib. — Afrique. Açores (Godman ; herb. Mitten). — C'est probablement la Sphaigne indiquée sous le nom de *S. acutifolium* par M. Mitten dans l'ouvrage de M. Godman, *Natural History of the Azores*, p. 316 ; dans ce cas, elle proviendrait de l'ile Fayal.

gracile Mich. (1803). — cuspidatum *Ehrh.*[2]

72. gracilescens Hpe (1862). — (*Subsecunda*).

1862. *gracilescens* Hpe, in *Bot. Zeit.*, 1862, p. 327.

1877. *submolluscum* Hpe, in *Vid. Medd. fra den Nat. Foren. Kjobenh.*, 1877, p. 251 (teste Warnst. in *Hedwigia*, 1890, p. 184, et 1891, pp. 37-38).

1879. *submolluscum* Hpe, Enum. Musc. prov. brasil. Rio-de-Janeiro et S. Paulo detect., p. 2.

» *gracilescens* Hpe, loc. cit.

---

1. M. Röll attribue au *S. glaucum* Klingg. les variétés suivantes :

atroviride (*Schlieph.*) *Röll*, in *Flora*, 1886.
brachycladum *Röll*, loc. cit.
congestum *Röll*, loc. cit.
contortum *Röll*, loc. cit.
deflexum (*Grav.*) *Röll*, loc. cit.
globiceps (*Schlieph*) *Röll*, loc. cit.
imbricatum *Röll*, loc. cit.
immersum (*Grav.*) *Röll*, loc. cit.
laxum *Röll*, loc. cit.
microphyllum *Röll*, loc. cit.
ochraceum *Röll*, loc. cit.
patulum *Röll*, loc. cit.
platyphyllum *Röll*, loc. cit.
pycnocladum (*Grav.*) *Röll*, loc. cit.
rigidum *Röll*, loc. cit.
Roellii (*Schlieph.*) *Röll*, loc. cit.
Schliephackeanum *Röll*, in *Hedwigia*, 1893.
squarrosulum (*N. et H.*) *Röll*, in *Flora*, 1886.
tenue *Röll*, in Bot. Centralbl., 1891, nᵒ 21-22.

2. M. F. Camus m'a écrit qu'il possède dans son herbier un échantillon de *S. gracile*, récolté par Richard dans l'Amérique du Nord, qui appartient au *S. tenellum* Klingg.

1886. *gracilescens* Card. Sph. d'Eur., in *Bull. de la Soc. royale de Bot. de Belg.*, t. XXV, part. I, p. 70 (54). (Ut subspecies *S. subsecundi*).

1891. *gracilescens* Warnst. Beitr. zur Kenntn. exot. Sph., in *Hedwigia*, 1891, p. 37, pl. III, fig. 28ª, 29, pl. V, fig. w.

1894. *gracilescens* Warnst. Characteristik und Uebers., etc., in *Hedwigia*, 1894, p. 323.

(   ) *angustifrons* C. Müll. in litt. (teste Warnst. in *Hedwigia*, 1890, p. 184, et 1891, pp. 37-38).

» *pellucidifolium* C. Müll. in litt. (teste Warnst. in litt. 1895).

Distrib. — AMÉRIQUE DU SUD. Brésil : Petropolis (Döring; herb. Laurer); Rio-de-Janeiro (Glaziou, nᵒˢ 464, 1662, 7458; Ule); Minas Geraes, Caraça (E. Wainio, 1885; herb. Brotherus); Serra de Ouro Preto (W. Schwacke, nᵒ 7580); Rio-de-Janeiro, Corcovado (Schenck, nᵒ 4884; W. Schwacke, nᵒ 5438; herb. Brotherus).

Gravetii Russ. (1894) $\left\{\begin{array}{l}\text{crassicladum } \textit{Warnst.} \\ \text{obesum } \textit{Warnst.} \\ \text{subsecundum } \textit{(Nees) Limpr.} \\ \text{rufescens } \textit{Nees et Hsch.}\end{array}\right\}$ *ex parte.*

73. Griffithianum Warnst. (1891). — (*Cymbifolia*).

1891. *Griffithianum* Warnst. Beitr. zur Kenntn. exot. Sph., in *Hedwigia*, 1891, p. 151, pl. XVI, fig. 19ª, 19ᵇ, pl. XXII, fig. x.

Distrib. — ASIE. Inde orientale (Griffith; herb. Mitten).

74. guadalupense Sch. (1876). — (*Cymbifolia*).

1868. *Husnoti* Sch. apud Husnot, Mousses des Ant., nᵒ 189 (teste Warnst. in *Hedwigia*, 1891, p. 148).

1876. *guadalupense* Sch. apud Besch. Fl. bryol. des Ant. fr., p. 90.

» *Husnoti* Sch. loc. cit.

1882. *cymbifolium* var. *Hampeanum* f. *gracile* Warnst. in
    Bot. Centralbl., 1882, p. 133.

1884. *Guyoni* Warnst. in *Deutsch. bot. Monatsschr.*, 1884,
    n° 2 (teste Warnst. in *Hedwigia*, 1891, p. 149).

1891. *guadalupense* Warnst. Beitr. zur Kenntn. exot. Sph.,
    in *Hedwigia*, 1891, p. 148, pl. XV, fig. 13ᵃ, 13ᵇ, pl. XXI,
    fig. qα, qβ, rα, rβ.

1894. *guadalupense* Warnst. Characteristik und Uebers.,
    etc., in *Hedwigia*, 1894, p. 330.

(   ) *brachybolax* C. Müll. mss. ? (Cfr. Warnst. in *Hedwigia*,
    1891, p. 150).

Distrib. — ANTILLES. Martinique (Dʳ Guyon, 1801 ; herb.
    Mus. Berlin); Guadeloupe (L'Herminier, Perrottet,
    Marie, Husnot). — AMÉRIQUE DU SUD. Brésil : Minas
    Geraes, Caraça (Wainio ; teste Brotherus, *Contrib. à
    la Fl. bryol. du Brésil*).

guadalupense var. *elongata* Sch. (   ). — Wrightii *C. Müll.*

75. **guatemalense** Warnst. (1890). — *(Rigida)*.

1890. *guatemalense* Warnst. Beitr. zur Kenntn. exot. Sph.,
    in *Hedwigia*, 1890, p. 243, pl. XII, fig. 20, pl. XIV, fig. 1.

1894. *guatemalense* Warnst. Characteristik und Uebers, etc.,
    in *Hedwigia*, 1894, p. 321.

Distrib. — AMÉRIQUE CENTRALE. Guatemala (herb. Zic-
    kendrath).

Guyoni Warnst. (1884). — guadalupense *Sch.*

H

Hahnianum C. Müll. (1889). — medium *Limpr.*
Hartmanni Lindb. (1858). — Angstroemii *Hartm.*

76. **helenicum** Warnst. (1891). — *(Subsecunda)*.

1891. *helenicum* Warnst. Beitr. zur Kenntn. exot. Sph., in
    Hedwigia, 1891, p. 19, pl. I, fig. 5ᵃ, 5ᵇ, pl. IV, fig. c.

Distrib. — AFRIQUE. Ile Sainte-Hélène (Burchell ; herb. Mitten).

77. Helmsii Warnst. (1890). — (*Rigida*).

1887. *novozelandicum* C. Müll. in Helms. coll. Musc. nov.-zel., n° 43 (non Mitt.).

1890. *Helmsii* Warnst. Beitr. zur Kenntn. exot. Sph., in *Hedwigia*, 1890, p. 244, pl. XIII, fig. 21, 22, pl. XIV, fig. f.

Distrib. — OCÉANIE. Nouvelle-Zélande : Greymouth (R. Helms, 1886).

helveticum Schkuhr (1810). — rigidum *Sch.*

Herminieri Sch. (1876). — portoricense *Hpe.*

Hildebrandtii C. Müll. (1887). — tumidulum *Besch.*

Hollianum Doz. et Molkb. (1855). — sericeum *C. Müll.*

Hookeri C. Müll. (1874). — Girgensohnii *Russ.*

humile Sch. { (1849). — Garberi *Lesq. et Jam.* (Verisimiliter. Voir p. 68, note). / in herb. Geheeb (   ). — molle *Sulliv.* forma.

Husnoti Sch. (1868). — guadalupense *Sch.*

hypnoides { (*Braun* mss.) *Bruch* (1825). — cuspidatum *Ehrh.* var. hypnoides *Sch..* / Sch. (   ). — convolutum *Warnst.* (Verisimiliter. Cfr. Warnst. in *Hedwigia*, 1890, p. 231).

I

illecebrum Brid. (   ). — Pylaiei *Brid.* var. sedoides (*Brid.*).

78. imbricatum Hornsch. (   ) Russ. (1865) [1]. — (*Cymbifolia*).

1. Le vieux nom de *S. imbricatum* Hsch., qui était resté manuscrit dans les anciens herbiers, n'aurait pu prévaloir contre la dénomination imposée, en 1870, à cette espèce par Sullivant, qui en avait très bien saisi et exprimé tous les caractères, si, en 1865, par con-

( ) *imbricatum* Hsch. mss. (teste Russow, Beitr. zur Kenntn. der Torfm., p. 21).

1849. *cymbifolium* var. *condensatum* C. Müll. Syn. I, p. 92, *ex parte*.

1865. *imbricatum* Russ. loc. cit.

1870. *Austini* Sulliv. apud Aust. Musci Appal., p. 3.

1874. — Sulliv. Icon. Musc. Suppl., p. 9, pl. 1.

1876. — Sch. Syn. Musc. europ. ed. 2, p. 849.

1880. — Braithw. The Sphagn., p. 33, pl. III.

» — Warnst. in *Bot. Centralbl.*, 1880, n° 40.

1881. *cymbifolium* var. 3 *Austini* Warnst. Die europ. Torfm., p. 139.

» *Austini* Limpr. Zur System. der Torfm., in *Bot. Centralbl.*, 1881, p. 314.

1882. *Austini* Husnot, Sphagnol. europ., p. 5.

» *imbricatum* Lindb. Eur. och N. Am. hvitmos., p. 11.

1883. *Austini* Warnst. in *Flora*, 1883, n° 24.

» — Card. in *Bull. de la Soc. royale de Bot. de Belg.*, t. XXII, part. II, p. 91.

1884. *Austini* Lesq. et Jam. Man. of the Moss. of N. Am., p. 21.

» *Austini* Röll, Torfm. der Thür. Fl., in *Irmischia,* 1884.

» — Warnst. Sphagnol. Rückbl., in *Flora*, 1884.

1885. *imbricatum* Limpr. Laubm. I, p. 106.

» *affine* Ren. et Card. in *Rev. bryol.*, 1885, n° 3, p. 4. [1]

1886. *Austini* Röll, Zur System. der Torfm., in *Flora*, 1886.

» *cymbifolium* subsp. *Austini* Card. Sph. d'Eur., in

séquent cinq ans avant la création de l'espèce par Sullivant, M. Russow, dans ses *Beiträge zur Kenntniss der Torfmoose*, n'avait cité ce *S. imbricatum* Hsch., en indiquant le caractère essentiel, c'est-à-dire la présence de crêtes membraneuses à l'intérieur des cellules hyalines des feuilles raméales, sur les parois en contact avec les cellules chlorophylleuses. M. Russow avait donc déjà, en 1865, une idée très nette de cette espèce, et, dans ces conditions, il est impossible de ne pas abandonner le nom de *S. Austini* Sulliv. 1870, pour celui de *S. imbricatum* (Hsch. mss.) Russ., 1865.

1. Au sujet du *S. affine,* voir Warnst. in *Hedwigia,* 1889, n° 6.

Bull. de la Soc. royale de Bot. de Belg., t. XXV, part. I,
p. 50 (34), pl. II, fig. 7 et 8, pl. III, fig. 4.

1886. *affine* Card. loc. cit., p. 51 (35), pl. II, fig. 9 et 10,
pl. III, fig. 5.

1887. *imbricatum* Dusén, On Sphagn. Utbredn. Skand.,
pp. 5 et 52.

» *cymbifolium* subsp. *Austini* Card. Rév. des Sph. de
l'Am. du Nord, in *Bull. de la Soc. royale de Bot. de Belg.*,
t. XXVI, part. I, p. 44 (6).

» *cymbifolium* subsp. *affine* Card. loc. cit.

1889. *imbricatum* Warnst. in *Hedwigia*, 1889, n° 5.

1890.   —   Warnst. Contrib. to the knowl. of the N.
Am. Sph., in *Bot. Gaz.* XV, p. 249.

» *imbricatum* Jens. De danske Sph.-Art., in *Bot. Foren.*
Festskr., 1890, p. 67 (18), pl. 1, fig. 1, pl. 2, fig. 28,
pl. 3, fig. 37.

1891. *imbricatum* Warnst. Beitr. zur Kenntn. exot. Sph.,
in *Hedwigia*, 1891, p. 139, pl. XIV, fig. 4ᵃ, 4ᵇ, 5ᵃ, 5ᵇ,
pl. XX, fig. e, f.

» *imbricatum* Venturi, Les Sph. europ., in *Rev. bryol.*,
1891, n° 6, p. 92.

1894. *imbricatum* Russ. Zur Kenntniss, etc., p. 95.

»   —   Warnst. Characteristik und Uebers., etc.,
in *Hedwigia*, 1894, p. 328.

Distrib. — EUROPE. Rare : Scandinavie méridionale, Estho-
nie, Courlande, Danemark, Allemagne, Bohême,
Styrie, Belgique; Ardennes françaises, à Rocroy ; îles
Britanniques. — ASIE. Kamtschatka (Redowski, Cha-
misso) ; Sibérie orientale (Stubendorf) ; Caucasie :
Batoum, sur la Mer Noire (O. A. Fedtschenko, 1894 ;
S. *affine*[1]). — AMÉRIQUE DU NORD. Paraît assez répandu
sur le versant atlantique, depuis le Labrador, Terre-

---

1. Cette forme, qui se rencontre çà et là dans l'Amérique du
Nord, n'a pas encore été signalée en Europe.

Neuve, Miquelon et le Canada jusqu'en Floride et en
Louisiane ; signalé aussi à l'île Atta, dans la mer de
Behring. — AMÉRIQUE DU SUD. Ile Chiloe (King, teste
Braithwaite).

Variétés.

affine *Warnst.* in *Bot. Gaz.*, 1890 (*S. affine* Ren. et Card. ; var. *laeve*
  Warnst. in *Hedwigia*, 1889).
congestum *Warnst.* Die europ. Torfm., p. 140 (ut *S. cymbifolium*
  var. 3 *Austini* α *congestum*).
cristatum Warnst. (Cfr. *Hedwigia*, 1889, pp. 369-370).
flagellare *Schlieph.* apud Röll, in *Irmischia*, 1884.
fuscescens *Warnst.* Europ. Torfm., n° 14.
glaucescens *Warnst.* loc. cit., n° 13.
laeve Warnst. — var. affine *Warnst.*
laxum *Röll*, in *Flora*, 1886.
pycnocladum *Röll*, loc. cit.
Roemeri *Warnst.* Die europ. Torfm., p. 141 (ut *S. cymbifolium* var.
  3 *Austini* γ *Roemeri*).
sublaeve *Warnst.* in *Hedwigia*, 1889, pp. 369-370.
viride *Jens.* De danske Sph.-Art., p. 68 (19).

imbricatum Sch. (   ). — tumidulum *Besch.*

imersumm { Casseb. (1832). — papillosum *Lindb.*
{ Nees et Hsch. (1823). — rigidum *Sch.*

insulatum Angstr. (1860). — Angstroemii *Hartm.*
insulosum Angstr. (1857). — Angstroemii *Hartm.*

intermedium { Hoffm. (1795) excl. syn. et var. — recurvum
  Pal. Beauv.
{ Röll (1886) saltem ex parte[1]. — recurvum
  Pal. Beauv.
{ Russ. (1894) excl. omn. syn. sp. exot. — cen-
  trale *Arn. et Jens.*

1. M. Röll (in *Flora*, 1886) attribue à son *S. intermedium* les var.
suivantes :

fibrosum (*Schlieph.*) *Röll*, loc.   molluscum *Röll*, loc. cit.
  cit.   Schimperi *Röll*, loc. cit.
macrophyllum *Röll*, loc. cit.   Schliephackeanum *Röll*, loc. cit.

intermedium subsp. *riparium* Lindb. (1879). — riparium
   Angstr.

intermedium var.
   compactum Roth. (1800)
      rigidum *Sch.* (teste Limpricht).
      acutifolium *Ehrh.* (teste Lindberg).
   pseudo-Lindbergii Jens. (1883). — obtusum
      (*Warnst.*) *Russ.*, ex parte.
   riparium Braithw. (1880)
      obtusum (*Warnst.*) *Russ.*
      riparium *Angstr.*

intermedium var. *sine nomine* Hoffm. (1795). — acutifolium
   Ehrh. (teste Lindberg).

79. inundatum Russ. (1894) ex parte; Warnst. (1895). —
   (*Subsecunda*).

1819-1888. *subsecundum* varr. *contortum* et *obesum* Auct.,
   ex parte.

1887. *cavifolium* subsp. *contortum* Russ. in *Sitzungsber. der
   Dorpat. Naturforsch.-Gesellsch.*, 1887, p. 312, *ex parte*.

   » *cavifolium* subsp. *contortum* Russ. Zur Anatomie der
   Torfm., p. 29, *ex parte*.

1888. *rufescens* Warnst. in *Hedwigia*, 1888, p. 267, *ex parte*.

1890. *obesum* Warnst. Contrib. to the knowl. of the N.
   Am. Sph., in *Bot. Gaz.* XV, p. 247, *ex parte ?*

1892. *subsecundum* var. *mesophyllum* Warnst. Europ.
   Torfm., nᵒˢ 290 et 291.

1894. *inundatum* Russ. Zur Kenntniss, etc., p. 45, *ex parte*.

1895.   —   Warnst. in litt. ad Cardot. [1]

Distrib. — EUROPE. Sans doute assez répandu, mais confondu avec le *S. rufescens*. — AMÉRIQUE DU NORD.
   Terre-Neuve (Waghorne). Probablement répandu.

---

1. « Das *S. inundatum* Russ. erkenne ich insoweit an, als man
» hierzu alle diejenigen Formen rechnet, welche in den Astbl.
» ähnliche Porenbildung wie *S. subsecundum* zeigen, aber grössere,
» in den oberen Hälfte fibröse Stengelbl. aufweisen. » Warnstorf,
lettre du 17 avril 1895).

Variétés.

ochraceum *Warnst.* Europ. Torfm., n° 290 (ut *S. subsecundum* var.
 mesophyllum f. *ochraceum*).
rufescens *Warnst.* loc. cit., n° 291 (ut *S. subsecundum* var. *meso-*
 phyllum f. *rufescens*).

inundatum Russ. (1894)
- crassicladum *Warnst.*, ex parte.
- inundatum (*Russ.*) *Warnst.*
- obesum *Warnst.*, ex parte.
- rufescens *Nees et Hsch.*, ex parte.
- subsecundum (*Nees*) *Limpr.*, ex parte.

80. **irritans** Warnst. (1895). — (*Cuspidata*).

1895. *irritans* Warnst. Beitr. zur Kenntn. exot. Sph., in
 Allgem. bot. Zeitschr. für System., Flor., Pflanzengeogr.,
 etc., 1885, n° 9.
Distrib. — Océanie. Iles Chatam (Travers; herb. Brotherus).

81. **Islei** Warnst. (1891). — (*Subsecunda*).

1891. *Islei* Warnst. Beitr. zur Kenntn. exot. Sph., in *Hed-*
 wigia, 1891, p. 19, pl. I, fig. 6ª, 6ᵇ. pl. IV, fig. f.
Distrib. — Océan indien. Ile Amsterdam (G. de l'Isle,
 n° 42, 1874; herb. Mus. Paris).

isophyllum Russ. (1894)
- aequifolium *Warnst.*
- platyphylloides *Warnst.*
- platyphyllum (*Sulliv.*) *Warnst.*

82. **Itatiacae** C. Müll. et Warnst. (1896). — (*Acutifolia*).

1896. *Itatiacae* C. Müll. et Warnst. mss. (Warnst. in litt.).
Distrib. — Amérique du Sud. Brésil.

J

83. japonicum Warnst. (1895). — (*Cymbifolia*).

1895. *japonicum* Warnst. Beitr. zur Kenntn. exot. Sph., in
Allgem. bot. Zeitschr. für System., Flor., Pflanzengeogr.,
etc., 1895, n° 12.

Distrib. — Asie. Japon : Tosa (Makino, 1887; herb. Brotherus).

84. Junghuhnianum Doz. et Molkenb. (1854). — (*Acu-*
tifolia).

1854. *Junghuhnianum* Doz. et Molkenb. apud Doz., in
Verhandel. d. Koningl. Akad. v. wetensch., 1854.

1855. *Junghuhnianum* Doz. et Molkenb. Bryol. jav. 1, p. 27,
t. XVIII.

1859. *Junghuhnianum* Mitt. Musci Ind. or., p. 156.

1874. *Thomsoni* C. Müll. in *Linnaea*, 1874, p. 545 (teste
Warnst. in *Hedwigia*, 1890, pp. 198-199).

1890. *Junghuhnianum* Warnst. Beitr. zur Kenntn. exot.
Sph., in *Hedwigia*, 1890, p. 198, pl. V, fig. 11ᵃ, 11ᵇ,
pl. VII, fig. 10.

(　　) *fimbriatum* Wils. in herb. Ind. or., n° 1293.

Distrib. — Asie. Inde orientale : « in mont. Khasian, reg.
temp. » (J. D. Hooker et Thomson, nᵒˢ 1293, 1294);
Sikkim (Kurz). — Archipel malais. Java (Junghuhn,
Blume); Philippines : Luçon, Mahabai (G. Wallis).

K

85. Khasianum Mitt. (1859). — (*Subsecunda*).

(　　) *contortum* var. Wils. in *Kew. Journ. bot.*, p. 290.

　» 　*obtusifolium* Griff. Not. p. 386 (teste Mitten, Musci
Ind. or., p. 157).

»   *obtusifolium* Griff. Icon. plant. asiat., pl. 76, fig. 1 ?

1859. *Khasianum* Mitt. Musci Ind. or., p. 156.

1891.   —   Warnst. Beitr. zur Kenntn. exot. Sph.,
      in *Hedwigia*, 1891, p. 140, pl. III, fig. 32ª, 32ᵇ, pl. V,
      fig. z.

Distrib. — ASIE. Inde orientale : Khasian, Churra (Hooker
      et Thomson, n° 1282).

Kihlmani Bomanson (1893). — riparium *Angstr.*

Kinlayanum Wils. (   ). — rufescens *Nees et Hsch.* forma.
      (Verisimiliter).

L

86. labradorense Warnst. (1892). — (*Acutifolia*).

1892. *labradorense* Warnst. Einige neue exot. Sph., in
      Hedwigia, 1892, p. 174, pl. XVI, fig. 1 à 3.

1893. *labradorense* Warnst. Beitr. zur Kenntn. exot. Sph.,
      in *Hedwigia*, 1893, p. 10.

1894. *labradorense* Warnst. Characteristik und Uebers., etc.,
      in *Hedwigia*, 1894, p. 313.

Distrib. — AMÉRIQUE DU NORD. — Terre-Neuve (Waghorne).
      New-Jersey (Ewans). [1]

87. laceratum C. Müll. et Warnst. (1896). — (*Acutifolia*).

1896. *laceratum* C. Müll. et Warnst. mss. (Warnst. in litt.).

Distrib. — AMÉRIQUE DU SUD. Brésil.

88. lacteolum Besch. (1875). — (*Rigida*).

1875. *lacteolum* Besch. Note sur les mousses des îles Saint-
      Paul et d'Amsterdam, in *Compte rendus Acad. sc.*, 1875.

1890. *lacteolum* Warnst. Beitr. zur Kenntn. exot. Sph., in *Hed-*
      wigia, 1890, p. 254, pl. XIII, fig. 31, 32, pl. XIV, fig. a.

---

1. C'est par suite d'une erreur que M. Warnstorf a cru que les
premiers échantillons qu'il a reçus de cette espèce, provenaient du
Labrador ; mais il est toutefois fort probable qu'elle se trouvera
dans ce pays.

Distrib. — Océan Indien. Ile Amsterdam (G. de l'Isle,
    1874). La Réunion (Chauvet, 1895; herb. de Poli).

89. lanceolatum Warnst. (1890). — *(Cuspidata)*.

1890. *lanceolatum* Warnst. Beitr. zur Kenntn. exot. Sph.,
    in *Hedwigia*, 1890, p. 219, pl. VIII, fig. 7 à 9, pl. X,
    fig. 4 et 5.
Distrib. — Océanie. Nouvelle-Zélande : White Mossy
    (Colenso, nº 41ª ; herb. Mitten).

90. lancifolium C. Müll. et Warnst. (1896). — *(Cuspidata)*.

1896. *lancifolium* C. Müll. et Warnst. mss. (Warnst. in litt.).
Distrib. — Océanie. Australie.

91. Langloisii Warnst. (1895). — *(Subsecunda)*.

1895. *Langloisii* Warnst. in litt.
Distrib. — Amérique du Nord. Louisiane : Abita Springs
    (A. B. Langlois ; herb. Cardot).

92. laricinum Spruce (1847). — *(Subsecunda)*.

1819. *contortum* Schultz, Suppl. Fl. Starg., p. 64, non Nees
    et Hsch. (teste Warnst. in *Hedwigia*, 1888, pp. 266-267). [1]
1847. *laricinum* Spruce, mss.

---

[1]. L'examen d'un échantillon de Schultz a permis à M. Warnstorf
de constater que le *S. contortum* de cet auteur serait la même
plante qui a été désignée postérieurement sous le nom de *S. laricinum* ; mais cela ne prouve nullement que Schultz ait eu une idée
nette de son espèce et il n'est pas impossible que l'on retrouve plus
tard d'autres échantillons étiquetés par Schultz lui-même, qui se
rapporteront à des espèces toutes différentes. Les judicieuses
raisons invoquées par M. Warnstorf pour se refuser à substituer le
nom de *S. tenellum* Ehrh. ou Pers. à celui de *S. molluscum* Bruch,
s'appliquent exactement au cas du *S. laricinum*. Quand on sait
quelle confusion règne dans les vieux herbiers, parmi les espèces
du genre *Sphagnum*, il est, à mon avis, fort imprudent de se baser
sur l'examen d'un unique échantillon d'un ancien auteur pour substituer une dénomination surannée et complètement tombée en
désuétude ou prise depuis longtemps dans un tout autre sens, à un
nom plus récent, mais sanctionné par l'usage et ne prêtant à aucun
malentendu.

1851. *subsecundum* C. Müll. Syn. II, p. 539; specim. bor.-
amer. (teste Braithw. The Sphagn., p. 45).

1855. *contortum* var. *laricinum* Wils. Bryol. brit., p. 23.

1856.   —   Sulliv. Moss. of Un. Stat., p. 11 (teste
Braithw. The Sphagn., p. 45).

1864. *neglectum* Angstr. in *Oefvers. K. Vet. Ak.* XXI, p. 201
(teste Lindberg, in *Not. ur Sällsk. pro Fauna et Fl. fenn.*,
XIII, p. 402).

1867. *curvifolium* Wils. mss. Hunt, in *Mem. Lit. Phil. Soc.
Manch.*, 3 ser., III, p. 233 (teste Lindberg, loc. cit.).

1872. *laricinum* Lindb. in *Act. Soc. sc. Fenn.*, X, p. 263 in
nota, et p. 280.

1874. *laricinum* Lindb. in *Not. ur Sällsk. pro Fauna et Fl.
fenn.*, XIII, p. 401 (*excl. varr.*).

»   *laricinum* Sulliv. Icon. Musc. Suppl., p. 17, pl. 8?

1876.   —   Sch. Syn. Musc. europ. ed. 2, p. 845
(*excl. specim. e Loch Kandor*).

1880. *laricinum* Braithw. The Sphagn., p. 44, pl. VII (*excl.
varr.*).

1881. *cavifolium* var. 2 *laricinum* ε *gracile* Warnst. Die
europ. Torfm., p. 91.

1882. *laricinum* var. *gracile* Husnot. Sphagnol. europ., p. 10.

»   —   Lindb. Eur. och N. Am. hvitmoss., p. 25,
ex parte.

1884. *laricinum* Lesq. et Jam. Man. of the Moss. of N.
Am., p. 19. [1]

»   *laricinum* Warnst. Sphagnol. Rückbl., in *Flora*,
1884, *ex parte*. [2]

---

1. Je ferai cependant observer que la description donnée par ces
auteurs paraît mieux convenir au *S. platyphyllum* qu'au *S. laricinum*.

2. Dans ce travail, M. Warnstorf rattache encore au *S. laricinum*
la var. *teretiusculum* Lindb., que M. Russow rapporte maintenant
à son *S. isophyllum*, qui est le *S. platyphyllum* de M. Warnstorf.
J'ai suivi M. Russow en rattachant au *S. platyphyllum* cette var.
teretiusculum, ainsi que la var. *fluitans* Jens.

1885. *laricinum* Limpr. Laubm. I, p. 122.

1886.   —   Röll, Zur System. der Torfm., in *Flora*,
     1886 (excl. varr. *teretiusculum* et *fluitans*).

» *subsecundum* subsp. *laricinum* Card. Sph. d'Eur., in
     Bull. de la Soc. royale de Bot. de Belg., t. XXV, part. I,
     p. 71 (55) *ex parte*.

1887. *laricinum* Dusén, On Sphagn. Utbredn. Skand.,
     pp. 16 et 72.

» *cavifolium* subsp. *laricinum* Russ. in *Sitzungsber.
     der Dorpat. Naturforsch.-Gesellsch.*, 1887, p. 311.

» *cavifolium* subsp. *laricinum* Russ. Zur Anatomie der
     Torfm., p. 29.

1888. *contortum* Warnst. in *Hedwigia*, 1888, pp. 266-267.

1890.   —   Warnst. Contrib. to the knowl. of the N.
     Am. Sph., in *Bot. Gaz.* XV, p. 245.

» *contortum* (species primaria) Jens. De danske Sph.-
     Art., in *Bot. Foren. Festskr.*, 1890, p. 75 (26), pl. 1,
     fig. 4, pl. 6, fig. 4.

1891. *contortum* Venturi, Les Sph. europ., in *Rev. bryol.*,
     1891, n° 6, p. 91.

1894. *contortum* Russ. Zur Kenntniss, etc., p. 33.

»   —   Warnst. Characteristik und Uebers., etc.,
     in *Hedwigia*, 1894, p. 325.

(   ) *subsecundum* var. *falcatum* Sendtn. in herb. (teste
     Warnstorf, in *Hedwigia*, 1888, p. 274).

Distrib. — EUROPE. Dispersé dans toute la zone moyenne
     et septentrionale, mais jamais commun. S'élève à
     1200 m. dans les Alpes de Styrie. — AMÉRIQUE DU
     NORD. Rare ; signalé seulement avec certitude dans le
     Massachusetts et le Connecticut par M. Warnstorf
     (*Characteristik*, etc., in *Hedwigia*, 1894, p. 325). A été
     indiqué aussi dans l'Etat de New-York, le New-Jersey,
     la Pennsylvanie, l'Ohio et l'Indiana ; mais plusieurs
     de ces indications ont probablement trait au *S. platy-
     phyllum*.

Variétés.

congestum *Jens.* apud Warnst. in *Hedwigia*, 1884, n° 7-8.
crispulum *Schlieph.* apud Warnst. loc. cit.
falcatum *Schlieph.* apud Warnst. loc. cit.
fuscum *Jens.* De danske Sph.-Art.
gracile Warnst. Die europ. Torfm., p. 91 (ut *S. cavifolium* var.
    2 *laricinum ε gracile*).
laxum *Röll*, in *Flora*, 1886.
luteofuscescens *Jens.* De danske Sph.-Art.
majus *Jens.*, loc. cit.
tenellum Röll, in *Flora*, 1886.

laricinum	Angstr. (1864)	Dusenii *Jens.* recurvum (*Pal. Beauv.*) *Russ. et Warnst.* ex parte ?
	Auct.	laricinum *Spruce.* platyphyllum (*Sulliv.*) *Warnst.*
	Aust. ( ). — Dusenii *Jens.*
	Sch. (1876) *specimina e Loch Kandor.* — recurvum (*Pal. Beauv.*) *Russ. et Warnst.* var. mollissimum *Russ.* (test. Braithwaite et Warnstorf).

laricinum var.	*cyclophyllum* Lindb. (1874)	specim. americ. — cyclophyllum *Sulliv. et Lesq.* specim. ex ins. Aland. — platyphyllum (*Sulliv.*) *Warnst.* var. subsimplex (*Lindb.*).
	floridanum Ren. et Card. (1885). — plicatum *Warnst.*
	fluitans Jens. (1883). — platyphyllum (*Sulliv.*) *Warnst.* var. fluitans *Jens.*
	platyphyllum Lindb. (1874). — platyphyllum (*Sulliv.*) *Warnst.*
	submersum Card. (1884). — platyphyllum (*Sulliv.*) *Warnst.* var. submersum (*Card.*).
	subsimplex Lindb. (1879). — platyphyllum (*Sulliv.*) *Warnst.* var. subsimplex (*Lindb.*).

laricinum var. *teretiusculum* Lindb. (1874). — platyphyllum
 (Sulliv). *Warnst.* var. teretiusculum *(Lindb)*.

latetruncatum Warnst. (1889). — fontanum *C. Müll.*

latifolium Hedw. (1801). — cymbifolium *Hedw.*

latifolium
var.
	compactum Spreng. (1827). — rigidum *Sch.*
	cordifolium Laestadt. ( ). — Angstroemii
	  Hartm.
	fluitans Turn. Musc. hibern., p. 5 (1804). —
	  Quid ?[1]
	squarrosum Wahlenb. (1820). — squarrosum
	  Pers.
	tenellum Spreng. (1827). — molluscum *Bruch.*

laxifolium	C. Müll. (1849). — cuspidatum *Ehrh.*
	Röll (1886) excl. varr. *deflexum* et *majus.* —
	  cuspidatum *Ehrh.*
	Valent. mss. Wils. Bryol. brit., p. 22, ut syn.
	  (1855). — subsecundum *Nees,* an rufescens
	  Nees et Hsch. ? (Cfr. Lindb. *Eur. och. N. Am.*
	  hvitm., p. 29).

laxifolium var.	*deflexum* Röll (1886). — Dusenii *Jens.* *Dusenii* Jens. (1885). — Dusenii *Jens.* *majus* Röll (1886). — Dusenii *Jens.*

leionotum C. Müll. (1887). — Whiteleggei *C. Müll.*

leptocladum Besch. (1877). — Girgensohnii *Russ.*

Lescurii Sulliv.
(1856)
	subsecundum *(Nees) Limpr.* forma robusta
	  (teste Warnst., in *Hedwigia,* 1891, p. 44).
	subsecundum var. contortum *Sch.* (*S. rufes-*
	  cens Nees et Hsch.) (teste Braithw. The
	  Sphagn., p. 50).

Lesquereuxii Lindb. (1882) ut syn. — Lescurii *Sulliv.*

Lesueurii Warnst. (1890). — Antillarum *Besch.*

---

1. D'après M. Braithwaite (*The Sphagnaceae,* p. 50), ce serait
S. subsecundum var. *contortum* Sch. (*S. rufescens* Nees et Hsch.).

93. **limbatum** Mitt. (1869). — (*Acutifolia*).

1869. *limbatum* Mitt. Musci austro-amer., p. 625.

1890. — Warnst. Beitr. zur Kenntn. exot. Sph., in
Hedwigia, 1890, p. 201, pl. V, fig. 14ᵃ, 14ᵇ, pl. VI, fig. 7.

1894. *limbatum* Warnst. Characteristik und Uebers., etc.,
in *Hedwigia*, 1894, p. 313.

Distrib. — AMÉRIQUE DU SUD. Venezuela : prov. de Caracas,
6000 pieds (Funck et Schlim, n° 344).

Limprichtii Röll
(1886)[1] { Dusenii *Jens.*
obtusum (*Warnst.*) *Russ.*
recurvum (*Pal. Beauv.*) *Russ. et Warnst.*

94. **Lindbergii** Sch. (1858). — (*Cuspidata*).

1838. *cuspidatum* varr. *fulvum* et *densum*
Sendtn. mss. } (test. Lindberg
et Warnstorf).

1839. *fulvum* Sendtn. mss.

1848. *cuspidatum* var. *fulvum* Rabenh. Deutschl. Krypto-
gamenfl. II, p. 75.

1858. *cuspidatum* Lindb. in *Bot. Not.*, p. 122, *ex parte* (teste
Braithwaite).

» *Lindbergii* Sch. Entw.-Gesch. der Torfm., p. 67,
pl. XXV.

1865. *Lindbergii* Russ. Beitr. zur Kenntn. der Torfm., p. 54.

1876. — Sch. Syn. Musc. europ. ed. 2, p. 832.

---

1. M. Röll (in *Flora*, 1886), attribue à son *S. Limprichtii* les var.
suivantes :

ambiguum *Schlieph.*

gracile *Röll.*

laricinum *Röll* (= *S. obtusum*
Warnst.).

molle *Röll.*

obtusum (*Warnst.*) *Röll.* (= *S.*
recurvum var. *amblyphyl-*
lum et *S. obtusum* Warnst.)

parvifolium (*Warnst.*) *Röll* (= *S.*
recurvum Pal. Beauv., *ex*
parte).

porosum (*Schl. et Warnst.*) *Röll*
(= *S. Dusenii* Jens.).

pseudo-Lindbergii (*Jens.*) *Röll*
= *S. obtusum* Warnst.).

robustum (*Limpr.*) *Röll* (= *S.*
Dusenii Jens. et *S. obtusum*
Warnst.).

squarrosulum *Röll.*

tenellum (*Warnst.*) *Röll* (= *S.*
obtusum Warnst.).

teres *Röll.*

1880. *Lindbergii* Braithw. The Sphagn., p. 77, pl. XXIII.

1881.   —   Warnst. Die europ. Torfm., p. 111.

1882.   —   Husnot, Sphagnol. europ., p. 13.

»   —   Lindb. Eur. och N. Am. hvitmoss., p. 60.

1884.   —   Lesq. et Jam. Man. of the Moss. of N. Am., p. 15.

»   *Lindbergii* Warnst. Sphagnol. Rückbl., in *Flora*, 1884.

1885.   —   Limpr. Laubm. I, p. 127.

1886.   —   Röll, Zur System. der Torfm., in *Flora*, 1886.

»   *Lindbergii* Card. Sph. d'Eur., in *Bull. de la Soc. royale de Bot. de Belg.*, t. XXV, part. 1, p. 93 (77).

1887. *Lindbergii* Dusén, On Sphagn. Utbredn. Skand., pp. 45 et 99.

»   *Lindbergii* Card. Rév. des Sph. de l'Am. du Nord, in *Bull. de la Soc. royale de Bot. de Belg.*, t. XXVI, part. 1, p. 54 (16).

1890. *Lindbergii* Warnst. Die Cuspidatumgruppe der europ. Sph., in *Bot. Ver. der Prov. Brand.*, XXXII, p. 201, pl. I, fig. 1 à 6, pl. II, fig. a.

»   *Lindbergii* Warnst. Contrib. to the knowl. of the N. Am. Sph., in *Bot. Gaz.* XV, p. 217.

»   *Lindbergii* Jens. De danske Sph.-Art., in *Bot. Foren. Festskr.*, 1890, p. 111 (62), pl. 2, fig. 27.

1891. *Lindbergii* Venturi, Les Sph. europ., in *Rev. bryol.*, 1891, n° 4, p. 63.

1894. *Lindbergii* Russ. Zur Kenntniss, etc., p. 164.

»   —   Warnst. Characteristik und Uebers., etc., in *Hedwigia*, 1894, p. 316.

Distrib. — EUROPE. Laponie, Finlande, Scandinavie, Ecosse, iles Shetland, ile des Ours, Riesengebirge, Alpes de Salzbourg et de Styrie. — AMÉRIQUE DU NORD. Mer de Behring : ile Saint-Georges; Alaska, Groënland, Labrador, Terre-Neuve, Miquelon, Canada, New-Hampshire, New-York.

Variétés.

compactum *Limpr.* in *Bot. Centralbl.*, 1881. (Syn. : var. *congestum*
    Grav. in litt.).
congestum Grav. — var. compactum *Limpr.*
immersum *Limpr.* loc. cit.
mesophyllum *Warnst.* Europ. Torfm., n° 359.
microphyllum *Warnst.* in *Hedwigia*, 1893, p. 11.
obesum *Limpr.* (Warnst. Sphagnol. Rückbl., in *Flora*, 1884).
squarrosulum *Limpr.* in *Bot. Centralbl.*, 1881.
tenellum *Limpr.* loc. cit.

lingulatum Warnst. (1889). — Bordasii *Besch.*

95. **lonchophyllum** C. Müll. (1896). — (*Cuspidata*).

1896. *lonchophyllum* C. Müll. mss. (Warnst. in litt.).
Distrib. — Amérique du Sud. Brésil.

longifolium Sch. (1865). [1] — recurvum (*Pal. Beauv.*) *Russ. et*
    Warnst. var. mucronatum *Warnst.*
loricatum C. Müll. (1887). — medium *Limpr.*

96. **ludovicianum** Warnst. (1891). — (*Cymbifolia*).

1887. *cymbifolium* var. *ludovicianum* Ren. et Card. apud
    Card. Rév. des Sph. de l'Am. du Nord, in *Bull. de la*
    Soc. royale de Bot. de Belg., t. XXVI, part. I, p. 42 (4).
1891. *ludovicianum* Warnst. Beitr. zur Kenntn. exot. Sph.,
    in *Hedwigia*, 1891, p. 161, pl. XVIII, fig. 26ᵃ, 26ᵇ,
    pl. XXXIII, fig. gg.
1894. *ludovicianum* Warnst. Characteristik und Uebers.,
    etc., in *Hedwigia*, 1894, p. 331.
Distrib. — Amérique du Nord. Louisiane, Mississippi
    (A. B. Langlois; herb. Cardot); Floride (Underwood;
    herb. Mus. Washington); New-Jersey (   ).

luridum Warnst. (1886). — subnitens *Russ. et Warnst.*

---

1. Dans son Etude sur la flore de Salzbourg, publiée en 1852 dans
le *Flora*, Sauter cite aussi (p. 380) un *S. longifolium*, mais sans
nom d'auteur. On ignore de quelle espèce il s'agit ici.

M

97. macrocephalum Warnst. (1893). — (*Rigida*).

1893. *macrocephalum* Warnst. Beitr. zur Kenntn. exot. Sph.,
   in *Hedwigia*, 1893, p. 7, pl. II, fig. 6ᵃ à 6ᵍ.

Distrib. — OCÉANIE. Tasmanie : Lake Bellinger Track,
   Zeehan railway, west coast (Weymouth, 1891, nᵒˢ 623
   et 624 ; herb. Brotherus).

98. macrophyllum Bernh. (1826). — (*Macrophylla*).

1820. *georgianum* Schwein (ubi ?) (teste Sullivant).

1826. *macrophyllum* Bernh. apud Brid. Bryol. univ. I, p. 10.

1849.   —   C. Müll. Syn. I, p. 91.

1862. *Isocladus macrophyllus* Lindb. in *Oefv. af. K. Vet. Ak.*
   XIX, p. 134.

1864. *macrophyllum* Sulliv. Icon. Musc., p. 1, tab. 1.

1880.   —   Braithw. The Sphagn., p. 87, pl. XXIX.

1882.   —   Lindb. Eur. och N. Am. hvitmoss., p. 72.

1884.   —   Lesq. et Jam. Man. of the Moss. of
   N. Am., p. 24 (excl. var. *floridanum* Aust.).

1887. *macrophyllum* Card. Rév. des Sph. de l'Am. du Nord,
   in *Bull. de la Soc. royale de Bot. de Belg.*, t. XXVI,
   part. I, p. 59 (21).

1890. *macrophyllum* Warnst. Contrib. to the knowl. of the
   N. Am. Sph., in *Bot. Gaz.* XV, p. 197.

   »   *macrophyllum* Warnst. Beitr. zur Kenntn. exot.
   Sph., in *Hedwigia*, 1890, p. 229, pl. IX, fig. 1 à 6,
   pl. X, fig. 13 à 15.

1894. *macrophyllum* Warnst. Characteristik und Uebers.,
   etc., in *Hedwigia*, 1894, p. 315.

Distrib. — AMÉRIQUE DU NORD. Floride, Alabama, Louisiane, Mississippi, Caroline du Nord, New-Jersey.

macrophyllum var. *floridanum* Aust. (1880). — floridanum
   Card.

99. macrorigidum C. Müll. (1887). — (*Rigida*).

1887. *macrorigidum* C. Müll. Sph. nov. descript., in *Flora*,
     1887, p. 417.
1890. *macrorigidum* Warnst. Beitr. zur Kenntn. exot. Sph.,
     in *Hedwigia*, 1890, p. 251, pl. XIII, fig. 29, 30, pl. XIV,
     fig. b.
Distrib. — OCÉANIE. Nouvelle-Zélande : Greymouth, ile
     australe (R. Helms, 1885).

madegassum C. Müll. (1879). — tumidulum *Besch.*
magellanicum Brid. (1798). — medium *Limpr.*
magnifolium Wils. (   ). — rufescens *Nees et Hsch.* forma.
     (Verisimiliter).
majus Jens. (1890). — Dusenii *Jens.*

100. malaccense Warnst. (1892). — (*Cuspidata*).

1892. *malaccense* Warnst. Einige neue exot. Sph., in *Hed-
     wigia*, 1892, p. 175, pl. XVI, fig. 4 à 6.
Distrib. — ASIE. Malacca : Perak, 6000 pieds (L. Wray;
     herb. Brotherus).

margaritaceum C. Müll. (   ). — Weddelianum *Besch.*

101. marginatum Sch. (   ). — (*Subsecunda*).

(   ) *marginatum* Sch. in herb. Kew.
1891.   —   Warnst. Beitr. zur Kenntn. exot. Sph.,
     in *Hedwigia*, 1891, p. 28, pl. II, fig. 20ᵃ, 20ᵇ, pl. IV,
     fig. o.
Distrib. — AFRIQUE AUSTRALE. Cap de Bonne-Espérance :
     Sonderend (Breutel).

marginatum var. *fluctuans* Hpe (   ). — fluctuans *C. Müll.*

102. mauritianum Warnst. (1891). — (*Subsecunda*).

1891. *mauritianum* Warnst. Beitr. zur Kenntn. exot. Sph.,
     in *Hedwigia*, 1891, p. 17, pl. I, fig. 3ᵃ, 3ᵇ, pl. IV, fig. c.

Distrib. — AFRIQUE. Ile Maurice (Dʳ Ayres ; herb. Mitten) ;
Madagascar : entre Savondronina et Ranomafana
(Dʳ Besson ; herb. Renauld et Cardot).

103. maximum Warnst. (1891). — (*Cymbifolia*).

1891. *maximum* Warnst. Beitr. zur Kenntn. exot. Sph., in
Hedwigia, 1891, p. 160, pl. XVIII, fig. 25ª, 25ᵇ, pl. XXXIII,
fig. ff.

(   ) *australe* Sch. mss. in herb. Bescherelle, non Mitt.
(teste Warnst. loc. cit. p. 160).

Distrib. — OCÉANIE. Tasmanie (herb. Mitten) ; Nouvelle-
Zélande (Kirk, herb. Mitten ; herb. Bescherelle ; herb.
Mus. Berlin ; Hochstetter, Exped. Novara).

104. medium Limpr. (1881). — (*Cymbifolia*).

   obtusifolium Auct. antiq., *ex parte*.

   cymbifolium Auct. plurim., *ex parte*.

(   )   —   var. *medium* Sendtn. mss. in herb. Braun.

1798. *magellanicum* Brid. Muscol. recent., t. II, part. I,
p. 28, tab. V, fig. 1 (teste Camus, in litt.). [1]

---

1. M. Warnstorf (in *Hedwigia*, 1891) avait déjà indiqué que le *S. andinum* Hpe (1866), doit rentrer comme synonyme dans le *S. medium*
Limpr. (1881). Voici que tout récemment mon ami M. F. Camus a
pu s'assurer par l'examen de l'échantillon original du *S. magellanicum* Brid., récolté par Commerson et conservé dans l'herbier du
Muséum de Paris, que l'espèce de Bridel est aussi un *S. medium*
incontestable. Je recommande vivement cette synonymie aux fana-
tiques de priorité : elle leur permettra d'ajouter une bien belle
absurdité à toutes celles qu'ils ont déjà commises. La description
de Bridel, il est à peine besoin de le dire, est d'une insignifiance
complète, comme toutes les anciennes descriptions de Sphaignes ;
mais peu importe : l'échantillon est là, dormant depuis un siècle
dans la poussière des herbiers, et il ne nous reste plus qu'à effacer
de toutes nos Flores bryologiques le *S. medium* et à y inscrire à sa
place le *S. magellanicum* ; ainsi le veut le « droit historique du
nom » ! ! Je ne puis m'empêcher de trouver infiniment plus respec-
table le droit de l'auteur du *S. medium*, M. Limpricht, qui le premier a reconnu et signalé le caractère anatomique de haute valeur,
fourni par la position et la forme des cellules chlorophylleuses sur
une coupe transversale de la feuille raméale, qui distingue cette
espèce du *S. cymbifolium*.

1806. *magellanicum* Brid. Sp. Musc. I, p. 13.

» *compactum* Brid. loc. cit., p. 18, *ex parte ?*

1826.   —   Brid. Bryol. univ. I, p. 16, *ex parte ?*

» *cymbifolinm* var. *magellanicum* Brid. loc. cit., p. 4.

1858.   —   Sch. Hist. nat. des Sph., p. 74, pl. XIX, *ex parte.* [1]

» *cymbifolium* Sch. Entw.-Gesch. der Torfm., p. 69, pl. XIX, *ex parte.*

1865. *cymbifolium* varr. *purpurascens* et *compactum* Russ. Beitr. zur Kenntn. der Torfm., p. 80 (teste Limpricht, Laubm. I, p. 104).

1866. *andinum* IIpe, in *Ann. sc. nat.* ser. 5, p. 334 (teste Warnst. in *Hedwigia*, 1891, pp. 165 et 168).

1874. *palustre* Lindb. in *Not. ur Sällsk. pro Fauna et Fl. fenn.* XIII, p. 399, *ex parte.*

1876. *cymbifolium* Sch. Syn. Musc. europ. ed. 2, p. 847, *ex parte.*

1880. *cymbifolium* Braithw. The Sphagn., p. 38, pl. V, *ex parte.*

1881. *cymbifolium* var. 1 *vulgare* Warnst. Die europ. Torfm., p. 133, *ex parte.*

» *medium* Limpr. Zur System. der Torfm., in *Bot. Centralbl.*, 1881, p. 313.

1882. *medium* Limpr. op. cit. in *Bot. Centralbl.*, 1882, p. 216.

» *cymbifolium* Husnot, Sphagnol. europ., p. 5, *ex parte.*

» *palustre* Lindb. Eur. och N. Am. hvitmoss., p. 16, *ex parte.*

---

1. J'ignore pourquoi tous les auteurs récents rapportent au *S. medium* le *S. cymbifolium* β *congestum* de Schimper. Il est évident, cependant, que tout ce que Schimper dit de cette variété, aussi bien dans la Monographie que dans le *Synopsis*, peut s'appliquer indifféremment aux formes denses du *S. medium* comme à celles du *S. cymbifolium*. D'un autre côté, il est certain que Schimper rapportait au type du *S. cymbifolium* des formes qui rentrent maintenant dans le *S. medium*.

1882. *cymbifolium* subsp. *vulgare* Warnst. in *Flora*, 1882,
   p. 552, *ex parte*.
1884. *medium* Warnst. Sphagnol. Rückbl., in *Flora*, 1884.
1885.   —   Limpr. Laubm. I, p. 104.
   »   *bicolor* Besch. in *Flora*, 1885, p. 396 (*nomen solum*).
   »   —   Besch. in *Bull. de la Soc. bot. de Fr.*, 1885,
   p. LXVIII (test. Cardot, in *Bull. de la Soc. royale de
   Bot. de Belg.*, t. XXV, part. I, pp. 46-47, et Warnstorf,
   in *Hedwigia*, 1891, pp. 165 et 168).
1886. *medium* Röll, Zur System. der Torfm., in *Flora*,
   1886.
   »   *cymbifolium* subsp. *medium* Card. Sph. d'Eur. in
   Bull. de la Soc. royale de Bot. de Belg., t. XXV, part. I,
   p. 44 (28), pl. II, fig. 4 et 5, pl. III, fig. 2.
1887. *medium* Dusén, On Sphagn. Utbredn. Skand., pp. 9
   et 59.
   »   *palustre* subsp. *medium* Russ. in *Sitzungsber. der
   Dorpat. Naturforsch.-Gesellsch.*, 1887, p. 312.
   »   *palustre* subsp. *medium* Russ. Zur Anatomie der
   Torfm., p. 28.

» *loricatum* C. Müll. Sph. nov. descript. in *Flora*, 1887, p. 409 » *tursum* C. Müll. loc. cit., p. 410.	(teste Warnst. in *Hedwigia*, 1890, p. 186, et 1891, pp. 165 et 168).

   »   *cymbifolium* subsp. *medium* Card. Rév. des Sph. de
   l'Am. du Nord, in *Bull. de la Soc. royale de Bot. de
   Belg.*, t. XXVI, part. I, p. 43 (5).
1889. *bicolor* Besch. in Mission scient. du Cap Horn, t. V,
   Botanique, Cryptogamie, p. 308, pl. 6, fig. XXII.
   »   *Hahnianum* C. Müll. in litt. (teste Warnst. in *Hedwigia*, 1890, p. 186, et 1891, pp. 165 et 168).
1890. *medium* var. *laeve* Warnst. Contrib. to the knowl. of
   the N. Am. Sph., in *Bot. Gaz.* XV, pp. 252-253.
   »   *cymbifolium* subsp. *medium* Jens. De danske Sph.-

98   J. CARDOT.

Art., in *Bot. Foren. Festskr.*, 1890, p. 71 (22), pl. 1,
fig. 2[b], pl. 5, fig. 2[b].

1891. *medium* Warnst. Beitr. zur Kenntn. exot. Sph., in
Hedwigia, 1891, p. 165, pl. XIX, fig. 29[a], 29[b], pl. XXIV,
fig. 11, mm.

» *medium* Venturi, Les Sph. europ., in *Rev. bryol.*,
1891, n° 6, p. 93.

1894. *medium* Russ. Zur Kenntn., etc., p. 123.

» — Warnst. Characteristik und Uebers., etc., in
Hedwigia, 1894, p. 331.

( ) *arboreum* Sch. apud Lechler, Pl. peruv., n° 2529, in
herb. kew. (teste Warnst. in *Hedwigia*, 1890, p. 186,
et 1891, pp. 165 et 168).

» *belliimbricatum* C. Müll. in litt. (teste Warnst. in
litt., 1895).

» *crassum* C. Müll. in herb. hort. bot. rom. (teste
Warnst. in *Hedwigia*, 1890, p. 186, et 1891, pp. 165
et 168).

» *cymbifolium* var. *Paradisi* Besch. in herb. (teste
Warnst. loc. cit.).

» *cymbifolium* var. *medium* Sendtn. mss. in herb.
Braun.

» *palustre* var. *medium* Sendtn. mss. in herb. Flotow.

» *ovatum* Sch. apud Mandon, Pl. Boliv., n° 1603 (teste
Warnst. loc. cit.).

» *Tijucae* C. Müll. in litt. (teste Warnst. in litt., 1895).

» *spinulosulum* C. Müll. in litt. (teste Warnst. loc. cit.).

Distrib. — EUROPE. Répandu dans toute la zone moyenne
et septentrionale, principalement dans les régions
montagneuses ; s'élève jusqu'à 1400 m. dans les Riesengebirge. — ASIE. Sibérie : vallées de l'Obi et de
l'Iéniséi (Arnell et Sahlberg).[1] — AMÉRIQUE DU NORD.

1. Lindberg (*Contrib. ad fl. crypt. Asiae bor.*) indique dans l'île
Sagchalin le *S. cymbifolium* var. *congestum* Sch. ; j'ignore s'il s'agit
d'une forme appartenant au *S. medium*.

Depuis le Labrador, Terre-Neuve, Miquelon et le
Canada jusqu'en Floride. Signalé aussi à l'Ouest des
Rocheuses, dans le Washington. — AMÉRIQUE DU SUD.
Colombie (*S. andinum* Hpe); Brésil (*S. belliimbricatum,
loricatum, Tijucae, tursum* et *spinulosulum* C. Müll.);
Pérou (*S. arboreum* Sch.); Bolivie (*S. andinum* Hpe,
S. ovatum Sch.); Chili (*S. andinum* Hpe); Patagonie et
Terre-de-Feu (*S. magellanicum* Brid., *S. bicolor* Besch.,
S. cymbifolium var. *Paradisi* Besch.).

Variétés.

abbreviatum *Röll,* in *Flora,* 1886.
albescens *Warnst.* in *Bot. Gaz.,* 1890 (ut var. *laeve* f. *albescens*).
brachycladum *Card.* Sph. d'Eur.
brachycladum *Röll,* in *Flora,* 1886 (an syn. praeced. ?)
congestum *Schlieph. et Warnst.* in *Flora,* 1884.
flaccidum *Warnst.* in *Flora,* 1884.
fuscescens *Warnst.* in *Bot. Gaz.* 1890 (ut var. *laeve* f. *fuscescens*) et
    Europ. Torfm., n° 201.
gracile *Röll,* in *Bot. Centralbl.,* 1891, n° 21-22.
imbricatum *Röll,* in *Flora,* 1886.
immersum *Warnst.* in *Hedwigia,* 1884.
laxum *Röll,* in *Flora,* 1886.
molle *Schlieph.* apud Röll, in *Irmischia,* 1884.
obscurum *Warnst.* Europ. Torfm., n° 23, 24.
pallescens *Warnst.* apud Card. Sph. d'Eur., et Europ. Torfm.,
    n° 202, 203.
purpurascens *Warnst.* in *Flora,* 1884.
pycnocladum *Röll,* in *Flora,* 1886.
roseum *Warnst.* Europ. Torfm., n° 19 à 22. (Syn. : var. *congestum*
    f. *roseum* Röll, in *Flora,* 1886).
squarrosulum *Röll,* in *Flora,* 1886.
versicolor *Warnst.* in *Bot. Gaz.,* 1890 (ut var. *laeve* f. *versicolor*) et
    Europ. Torfm., n° 204.
virescens *Warnst.* loc. cit. (ut var. *laeve* f. *virescens*) et Europ.
    Torfm., n° 15, 16.

medium var. { *laeve* Warnst. (1890). — medium *Limpr.*
          { *papillosum* Warnst. (1890). — erythrocalyx
              Hpe.

105. mendocinum Sulliv. et Lesq. (1874). — (*Cuspidata*).

1867. *auriculatum* Lesq. in *Mem. Calif. Acad.* I, p. 4.
> »   *subsecundum* var. *longifolium* Lesq. loc. cit. (test.
Lesq. et Jam. Man. of the Moss. of N. Am., p. 20).

1874. *mendocinum* Sulliv. et Lesq. apud Sulliv. Icones
Musc. Suppl., p. 12, pl. 3.

1884. *mendocinum* Lesq. et Jam. Man. of the Moss. of
N. Am., p. 20.

1887. *recurvum* subsp. *cuspidatum* var. *mendocinum* Card.
Rév. des Sph. de l'Am. du Nord, in *Bull. de la Soc.
royale de Bot. de Belg.*, t. XXVI, part. I, p. 56 (18).

1890. *mendocinum* Warnst. Contrib. to the knowl. of the
N. Am. Sph., in *Bot. Gaz.* XV, p. 221 (*excl. omn. syn.
et specim. e New-Hampshire*).
> »   *mendocinum* Warnst. Beitr. zur Kenntn. exot. Sph.,
in *Hedwigia*, 1890, p. 237.

1893. *mendocinum* Warnst. op. cit. in *Hedwigia*, 1893, p. 12,
pl. IV, fig. 11ᵃ-11ᵍ.

1894. *mendocinum* Warnst. Characteristik und Uebers.,
etc., in *Hedwigia*, 1894, p. 317.

Distrib. — AMÉRIQUE DU NORD. Californie : Sierra Nevada,
1100 pieds, « near Kings River » (W. H. Brewer);
Mendocino City (Bolander). Northwest America (Dou-
glas). Canada : Ontario (Macoun, Can. Musci, n° 9, ut
S. intermedium Hoffm.).

Variétés.

robustum Warnst. in *Hedwigia*, 1893, p. 13.
gracilescens Warnst. loc. cit., p. 14.

mendocinum Warnst. (1890) { in *Bot. Gaz.* { Dusenii *Jens.* / mendocinum *Sulliv. et Lesq.* ; in *Bot. Ver. der Prov. Brand.* — Dusenii *Jens.* }

106. meridense C. Müll. (1849). — (*Acutifolia*).

(   ) *patens* Brid. in herb. (test. C. Müll. Syn. I, p. 95 et
    Warnst. in *Hedwigia*, 1890, p. 200).

»   *subsecundum* C. Müll. in *Linnaea*, XIX, p. 209.

»   *acutifolium* var. *meridense* Hpe, in *Linnaea*, XX,
    p. 66.

1849. *meridense* C. Müll. Syn. I, p. 95 (*tantum ex parte ?*).

1890.   —   Warnst. Beitr. zur Kenntn. exot. Sph., in
    Hedwigia, 1890, p. 200, pl. V, fig. 13ᵃ, 13ᵇ, pl. VII,
    fig. 8.

1894. *meridense* Warnst. Characteristik und Uebers., etc.,
    in *Hedwigia*, 1894, p. 312.

Distrib. — ANTILLES. Saint-Domingue ? (Desvaux)[1]; la
    Trinité (Crüger). — AMÉRIQUE DU SUD. Venezuela :
    Merida (Moritz); Bolivie (Rusby); Andes de Bogota
    (Lindig).

meridense C. Müll. (1849), specim. ex ins. Hispaniola. —
    Antillarum Besch. ?

107. mexicanum Mitt. (1869). — (*Rigida*).

1869. *mexicanum* Mitt. Musci austro-amer., p. 624.

1887. *domingense* C. Müll. mss. in herb. Brotherus (teste
    Warnst. in *Hedwigia*, 1890, p. 247).

1890. *mexicanum* Warnst. Beitr. zur Kenntn. exot. Sph.,
    in *Hedwigia*, 1890, p. 247, pl. XII, fig. 11 à 13, pl. XIV,
    fig. m.

1894. *mexicanum* Warnst. Characteristik und Uebers., etc.,
    in *Hedwigia*, 1894, p. 321.

Distrib. — AMÉRIQUE CENTRALE. Mexique, près de Oaxaca,
    alt. 950 m. (Galeotti, n° 6879). Antilles : Saint-Domin-
    gue (Eggers, 1887).

---

1. La Sphaigne de Saint-Domingue est peut-être le *S. Antillarum*
Besch.

108. microcarpum Warnst. (1891). — (*Subsecunda*).

1887. *subsecundun* var. *contortum forma* Card. Rév. des Sph. de l'Am. du Nord, in *Bull. de la Soc. royale de Bot. de Belg.*, t. XXVI, part. I, p. 50 (12).

1891. *microcarpum* Warnst. Beitr. zur Kenntn. exot. Sph., in *Hedwigia*, 1891, p. 170, pl. XIX, fig. 31ᵃ, 31ᵇ, pl. XXIV, fig. oo.

1894. *microcarpum* Warnst. Characteristik und Uebers., etc., in *Hedwigia*, 1894, p. 323.

Distrib. — AMÉRIQUE DU NORD. Louisiane et Mississippi (A. B. Langlois; herb. Cardot). Indiqué aussi par M. Warnstorf dans le New-Jersey, l'Alabama et la Floride.

109. microphyllum Warnst. (1891). — (*Acutifolia*).

1891. *microphyllum* Warnst. Beitr. zur Kenntn. exot. Sph., in *Hedwigia*, 1891, p. 172, pl. XIX, fig. 33ᵃ, 33ᵇ.

1894. *microphyllum* Warnst. Characteristik und Uebers., etc., in *Hedwigia*, 1894, p. 312.

Distrib. — AMÉRIQUE DU NORD. Californie (Bolander; herb. Departm. Agric. Washington).

110. mirabile C. Müll. et Warnst. (1896). — (*Subsecunda*).

1896. *mirabile* C. Müll. et Warnst. mss. (Warnst. in litt.).
Distrib. — AMÉRIQUE DU SUD. Brésil.

111. mobilense Warnst. (1892). — (*Subsecunda*).

1892. *mobilense* Warnst. Einige neue exot. Sph., in *Hedwigia*, 1892, p. 180, pl. XVII, fig. 16 à 19.

1894. *mobilense* Warnst. Characteristik und Uebers., etc., in *Hedwigia*, 1894, p. 326.

Distrib. — AMÉRIQUE DU NORD. Alabama : Mobile (Dʳ Mohr).

112. Mohrianum Warnst. (1892). — (*Subsecunda*).

1892. *Mohrianum* Warnst. Einige neue exot. Sph., in *Hedwigia*, 1892, p. 179, pl. XVI, fig. 13 à 15.

1894. *Mohrianum* Warnst. Characteristik und Uebers., etc.,
in *Hedwigia*, 1894, p. 323.

Distrib. — AMÉRIQUE DU NORD. Alabama : Mobile (Dʳ Mohr;
herb. Departm. Agric. Washington).

113. **molle** Sulliv. (1846). — (*Acutifolia*).

1846. *molle* Sulliv. Musci Allegh., p. 50, nº 205.
» *tabulare* Sulliv. loc. cit., p. 49, nº 204.
» *acutifolium* var.? Sulliv. loc. cit., p. 49, nº 203.

1849. *molluscoides* C. Müll. Syn. I, p. 99.
» *compactum* var. *ramulosum* C. Müll. loc. cit. (teste
C. Müll. Syn. II, p. 539).
» *tabulare* C. Müll. loc. cit., p. 104.
» *molle* C. Müll. ibidem.

1856. *tenerum* Sulliv. et Lesq. Musc. bor.-amer ed 1,
nº 11.
» *tenerum* Sulliv. Moss. of Un. stat., p. 11.

1858. *Muelleri* Sch. Entw.-Gesch. der Torfm., p. 73,
pl. XXVI.

1864. *molle* Sulliv. Icon. Musc., p. 7, pl. 4.
» *Muelleri* Sulliv. loc. cit., p. 9, pl. 5.

1865 — Russ. Beitr. zur Kenntn. der Torfm., p. 78.
» *subcuspidatum* Sch. apud Mandon, Pl. And. Boliv.,
nº 1604, *ex parte* (teste Warnst., in *Hedwigia*, 1890,
pp. 182 et 234).

1876. *Muelleri* Sch. Syn. Musc. europ. ed. 2, p. 841.

1880. *molle* Braithw. The Sphagn., p. 53, pl. XII.

1881. — Warnst. Die europ. Torfm., p. 103.

1882. — var. *molluscoides* Husnot, Sphagnol. europ.,
p. 7.
» *molle* Lindb. Eur. och N. Am. hvitmoss., p. 33.

1884. — Lesq. et Jam. Man. of the Moss. of N. Am.,
p. 18.
» *Muelleri* Lesq. et Jam. loc. cit., p. 17.
» *molle* Warnst. Sphagnol. Rückbl., in *Flora*, 1884.

1885. *molle* Limpr. Laubm. I, p. 115.

1886. — Röll, System. der Torfm., in *Flora*, 1886.

» — Card. Sph. d'Eur. in *Bull. de la Soc. royale de Bot. de Belg.*, t. XXV, part. I, p. 59 (43).

1887. *molle* Dusén, On Sphagn. Utbredn. Skand., pp. 12 et 66.

» *molle* Card. Rév. des Sph. de l'Am. du Nord, in *Bull. de la Soc. royale de Bot. de Belg.*, t. XXVI, part. I, p. 48 (10).

1888. *molle* Warnst. Die Acutifoliumgruppe der europ. Torfm., in *Bot. Ver. der Prov. Brand.* XXX, p. 118, pl. III, fig. 10$^{a, b, c}$, pl. IV, fig. 24$^{a, b}$, 25$^{a, b}$, 26.

1890. *molle* Warnst. Contrib. to the knowl. of the N. Am. Sph., in *Bot. Gaz.*, XV, p. 197.

» *molle* Jens De danske Sph.-Art., in *Bot. Foren. Festskr.*, 1890, p. 83 (34), pl. 1, fig. 10, pl. 3, fig. 36.

1891. *molle* Venturi, Les Sph. europ., in *Rev. bryol.*, 1891, n° 4, p. 63.

1894. *molle* Warnst. Characteristik und Uebers., etc., in *Hedwigia*, 1894, p. 313.

(   ) *humile* Sch. in herb. Geheeb.
» *rigidum* var. *humile* Aust. in herb. *ex parte*.
(teste Warnst. in *Hedwigia*, 1890, p. 209 et in *Bot. Gaz.*, 1890, page 226).

Distrib. — EUROPE. Allemagne, Scandinavie méridionale, Danemark, Hollande, Belgique, Iles britanniques. Très rare en France, où l'on a pris à diverses reprises pour cette espèce des formes du *S. rufescens;* a été cependant trouvé récemment dans le département du Finistère par M. Camus. — AMÉRIQUE DU NORD. New-Jersey, Caroline, Géorgie, Floride, Alabama, Louisiane. — AMÉRIQUE DU SUD. Bolivie, près de San-Baldomero (Mandon, n° 1604 *ex parte;* teste Warnst. in *Hedwigia*, 1890, pp. 182 et 234).

Variétés.

arctum Braithw. — var. tenerum *Braithw.*

compactum Grav. — var. tenerum *Braithw.*

Muelleri (Sch.) Braithw. The Sphagn., p. 54. — Forma typica.

pulchellum (*Limpr.*) *Warnst.* in *Flora*, 1884.

squarrosulum *Grav.* apud Warnst. in *Hedwigia*, 1884, n° 7-8.

tenerum (*Sulliv. et Lesq.*) *Braithw.* The Sphagn., p. 55. (Syn. ·
S. *tabulare* Sulliv. et S. *tenerum* Sulliv. et Lesq.; var. *arctum*
Braithw. Sph. brit. exsicc., n° 21ᵉ; var. *compactum* Grav. apud
Warnst. in *Hedwigia*, 1884, n° 7-8).

114. **molliculum** Mitt. (1859). — (*Subsecunda*).

1859. *molliculum* Mitt. Moss. of N. Zeal., Tasm., etc., in
Journ. Linn. Soc., 1859, p. 99.

1891. *molliculum* Warnst. Beitr. zur Kenntn. Exot. Sph.,
in *Hedwigia*, 1891, p. 34, pl. II, fig. 25ᵃ, 25ᵇ, pl. V,
fig. t.

(   ) *Mossmanianum* C. Müll. mss. in herb. kew. (teste
Warnst. in *Hedwigia*, 1890, p. 184, et 1891, p. 34).

Distrib. — OCÉANIE. Tasmanie : « Little Bridge's head
Creck » (Archer); « bogs, summit of Mt. Wellington. »
(Oldfied). Herb. Kew.

mollissimum C. Müll.
{ (1877). — capense *Hornsch.*
(   ) apud Rehman, *Musci austr.-*
afr., n° 17. — pycnocladulum
C. Müll.

molluscoides C. Müll. (1849). — molle *Sulliv.*

115. **molluscum** Bruch. (1825). — (*Mollusca*).

1795. *tenellum* Ehrh. mss. in herb. hort. Petrop. (teste
Lindberg, Rev. crit., p. 96).

1796? *tenellum* Pers. mss. in herb. Swartz. [1]

---

1. M. Warnstorf, dans son mémoire sur le groupe *Cuspidatum*
(*Bot. Ver. der Prov. Brand.*, XXXII, pp. 227-228) a fait remarquer
avec raison qu'il n'est nullement prouvé qu'Ehrhart et Persoon ne
confondaient pas, sous le nom de *S. tenellum*, des formes grêles de

1796. *tenellum* Hoffm. Deutschl. Fl. II, p. 22, n° 1, in observ.

1798. *cymbifolium* var. *tenellum* Brid. Muscol. recent., t. II, part. I, p. 24.

1807. *obtusifolium* var. Web. et Mohr, Bot. Tasch., p. 72.

1808.   —   var. *tenellum* Bland. Musc. frond. exsicc. 5, n° 205.

1819. *tenellum* Pers. apud Brid. Muscol. recent. Suppl. 4, p. 1.

»   *nanum* Brid. loc. cit. ut syn.

1825. *molluscum* Bruch, in *Flora*, 1825, part. 2, p. 633.

1826. *tenellum* Brid. Bryol. univ. I, p. 4.

»   *molluscum* Brid. op. cit. Suppl., p. 753.

1827. *latifolium* var. *tenellum* Spreng. Syst. veget. 16 ed., 4, part. I, p. 147.

1833. *squarrosum* var. *tenellum* Hüb. Muscol. germ., p. 23.   (test. C. Müller

1838. *squarrosum* var. *tenellum* Hartm. et Lindberg). Skand. Fl., ed. 3, p. 261.

1849. *molluscum* C. Müll. Syn. I, p. 93.

1858.   —   Sch. Hist. nat. des Sph., p. 77, pl. XXI.

»   —   Sch. Entw.-Gesch. der Torfm., p. 71, pl. XXI.

1862. *tenellum* Lindb. in *Oefv. Vet. Ak.*, XIX, p. 142.

1865. *molluscum* Russ. Beitr. zur Kenntn. der Torfm., p. 75.

1876. *molluscum* Sch. Syn. Musc. europ. ed. 2, p. 846.

1880. *tenellum* Braithw. The Sphagn., p. 42, pl. VI.

1881. *molluscum* Warnst. Die europ. Torfm., p. 92.

plusieurs espèces; et que Bruch ayant le premier donné du *S. molluscum* une description permettant de reconnaître clairement l'espèce, c'est sa dénomination qui doit prévaloir, opinion à laquelle je me rallie entièrement, en regrettant seulement que M. Warnstorf n'ait pas étendu ce raisonnement au cas du *S. contortum* Schultz — *S. laricinum* Spr., qui est exactement le même.

1882. *tenellum* Husnot, Sphagnol. europ., p. 7.

» — Lindb. Eur. och N. Am. hvitmoss., p. 22.

1884. — Lesq. et Jam. Man. of the Moss. of N. Am.,
p. 20.

» *tenellum* Warnst. Sphagnol. Rückbl., in *Flora*, 1884.

1885. *molluscum* Limpr. Laubm. I, p. 128.

1886. *tenellum* Röll, Zur System. der Torfm., in *Flora*, 1886.

» — Card. Sph. d'Eur., in *Bull. de la Soc. royale
de Bot. de Belg.*, t. XXV, part. I, p. 61 (45).

1887. *tenellum* Dusén, On Sphagn. Utbredn. Skand., pp. 13
et 67.

» *tenellum* Card. Rév. des Sph. de l'Am. du Nord, in
Bull. de la Soc. royale de Bot. de Belg., t. XXVI, part. I,
p. 49 (11).

1890. *molluscum* Warnst. Die Cuspidatumgruppe der europ.
Sph., in *Bot. Ver. der Prov. Brand.*, t. XXXII, p. 225,
pl. I, fig. 51-53, pl. II, fig. v.

» *tenellum* Jens. De danske Sph.-Art. in *Bot. Foren.
Festskr.*, 1890, p. 98 (49), pl. 2, fig. 20.

1894. *molluscum* Russ. Zur Kenntniss, etc., pp. 156 et 166.

» — Warnst. Characteristik und Uebers., etc.,
in *Hedwigia*, 1894, p. 318.

Distrib. — Europe. Assez commun dans la zone moyenne,
Allemagne, Autriche, Hollande, Belgique, France, Iles-
Britanniques; se retrouve aussi en Danemark, Scan-
dinavie, Laponie, Finlande et Russie. S'élève dans
les Riesengebirge jusqu'à 1,400 m. et dans l'Adula
jusqu'à 1,970 m. (d'après Pfeffer). — Amérique du
Nord. Labrador, Terre-Neuve, Miquelon, Anticosti,
Maine, New-Jersey, Vancouver.

Variétés.

acutifolium *Röll*, in *Flora*, 1886.

Brebissoni Husnot. Sphagnol. europ., p. 8. — Forma juvenilis.

compactum *Warnst.* in *Hedwigia*, 1884, n° 7-8.

confertulum *Card.* Sph. d'Eur.

contortum *Röll*, in *Flora*, 1886.

fluitans *Sch.* Entw.-gesch. der Torfm., pl. XII, fig. 6, 7 et 8. (Syn. :
  var. *immersum* Sch. Syn. Musc. europ. ed. 2, p. 846).

glauco-virens *Warnst.* apud Jens. De danske Sph.-Art.

gracile *Warnst.* Die europ. Torfm., p. 94.

immersum Sch. — var. fluitans *Sch.*

longifolium *Lindb.* apud Braithw. The Sphagn., p. 44. (Syn. : var.
  rufescens Grav. *in litt.*).

recurvum *Röll*, in *Flora*, 1886.

robustum *Warnst.* Die europ. Torfm., p. 93.

rufescens Grav. — var. longifolium *Lindb.*

strictum *Röll*, in *Flora*, 1886.

suberectum *Grav.* apud Warnst. in *Hedwigia*, 1884, n° 7-8.

116. **Moorei** Warnst. (1895). — (*Subsecunda*).

1895. *Moorei* Warnst. Beitr. zur Kenntn. exot. Sph., in
  Allgem. bot. Zeitschr. für System., Flor., Pflanzengeogr.,
  etc., 1895, n° 11.

Distrib. — OCÉANIE. Tasmanie : Macquarie Harbour, Kelly's
  Basin (J. B. Moore, 1893) ; Port Esperance (W. A. Weymouth, 1892). Herb. Brotherus.

Mossmanianum C. Müll. ( ). — molliculum *Mitt.*

Mougeotii Sch. (1854). — recurvum *Pal. Beauv.*

mucronatum C. Müll. (1887). — tumidulum *Besch.*

Muelleri Sch. (1858). — molle *Sulliv.*

N

natans Sendtn. ( ). — recurvum (*Pal. Beauv.*) *Russ. et*
  Warnst. var. tenue *Klingg.* forma.

    (Brid. (1819). — molluscum *Bruch.*

nanum { C. Müll. ( ). — oxyphyllum *Warnst.* var. nanum
    (*Warnst.*

Naumanni C. Müll. (1883). — cuspidatum (*Ehrh.*) *Russ. et*
  Warnst. forma.

neglectum Angstr. (laricinum *Spruce* (teste Lindberg).

  (1864)   (platyphyllum *Sulliv.* (teste Warnstorf).

117. negrense Mitt. (1869). — (*Cymbifolia*).

1869. *negrense* Mitt. Musci austro-amer., p. 624.

1891. — Warnst. Beitr. zur Kenntn. exot. Sph., in *Hedwigia*, 1891, p. 146, pl. XV, fig. 10ᵃ, 10ᵇ, pl. XXI, fig. n.

1894. *negrense* Warnst. Characteristik und Uebers., etc., in *Hedwigia*, 1894, p. 329.

Distrib. — Amérique du Sud. Brésil : Rio Negro, chutes de S. Gabriel, de Tamandua et de Carangueja (Sprucc, nᵒˢ 1507-1510).

nemoreum Scop. (1772). — acutifolium *Ehrh.*

118. nitidulum Warnst. (1896). — (*Acutifolia*).

1896. *nitidulum* Warnst. in litt.

Distrib. — Afrique. Açores : Terceira, sources thermales sulfureuses (herb. J. Cardot ; comm. J. Daveau).

119. nitidum Warnst. (1895). — (*Acutifolia*).

1895. *nitidum* Warnst. Beitr. zur Kenntn. exot. Sph., in *Allgem. bot. Zeitschr. für System., Flor., Pflanzengeogr.*, etc., 1895, nᵒ 5.

Distrib. — Amérique du Nord. Terre-Neuve (Waghorne, 1893).

120. novo-zelandicum Mitt. (1859). — (*Subsecunda*).

1859. *novo-zelandicum* Mitt. Moss. of N. Zeal., Tasm., etc., in *Journ. Linn. Soc.*, 1859, p. 99.

1867. *novo-zelandicum* Hook. Handb. of the N. Zeal. Fl., p. 401.

1891. *novo-zelandicum* Warnst. Beitr. zur Kenntn. exot. Sph., in *Hedwigia*, 1891, p. 33, pl. II, fig. 24ᵃ, 24ᵇ, pl. V, fig. s.

Distrib. — Océanie. Nouvelle-Zélande (Kerr et Knight) ; Auckland (Knight). Australie (F. v. Müller). Herb. Mitten.

novo-zelandicum C. Müll. (1887). — Helmsii *Warnst.*

O

121. obesum Warnst. (1890). — (*Subsecunda*).

1826. *denticulatum* Brid. Bryol. univ. I, p. 10?

1849. *subsecundum* var. *turgidum* C. Müll. Syn. I, p. 101 ?

1855. *contortum* var. *obesum* Wils. Bryol. brit., p. 22.

1865. *subsecundum* β *isophyllum* Russ. Beitr. zur Kenntn.
   der Torfm., p. 73, *ex parte.*

1876. *subsecundum* var. *obesum* Sch. Syn. Musc. europ. ed. 2,
   p. 844.

1880. *subsecundum* var. *obesum* Braithw. The Sphagn.,
   p. 51, pl. X, δ.

1881. *cavifolium* var. 1 *subsecundum* α *obesum* Warnst. Die
   europ. Torfm., p. 82.

1882. *subsecundum* var. *obesum* (et var. *turgidum*?) Husnot,
   Sphagnol. europ., p. 8.

» *subsecundum* Lindb. Eur. och N. Am. hvitmoss.,
   p. 28, *ex parte.*

1884. *subsecundum* var. *obesum* Lesq. et Jam. Man. of the
   Moss. of N. Am., p. 19.

» *contortum* var. *turgidum* Warnst. Sphagnol. Rückbl.,
   in *Flora*, 1884.

1885. *contortum* var. *obesum* Limpr. Laubm. I, p. 121.

1886. *turgidum* Röll, Zur System. der Torfm., in *Flora*,
   1886, *ex parte.*

» *subsecundum* varr. *obesum* et *insolitum* Card. Sph.
   d'Eur., in *Bull. de la Soc. royale de Bot. de Belg.*,
   t. XXV, part. I, pp. 68 et 69 (52 et 53).

1887. *subsecundum* Dusén, On Sphagn. Utbredn. Skand.,
   pp. 15 et 71, *ex parte.*

» *cavifolium* subsp. *contortum* Russ. in *Sitzungsber. der
   Dorpat. Naturforsch.-Gesellsch.*, 1887, p. 312, *ex parte.*

1887. *cavifolium* subsp. *contortum* Russ. Zur Anatomie der
  Torfm., p. 29, *ex parte*.
1890. *obesum* Warnst. Contrib. to the knowl. of the N. Am.
  Sph., in *Bot. Gaz.*, XV, p. 247 (excl. syn. *S. decipiens*
  Sulliv. et Lesq.).
  » *subsecundum* Jens. De danske Sph.-Art. in *Bot. Foren.*
  Festskr., 1890, p. 72 (23), *ex parte*.
1891. *obesum* Venturi, Les Sph. europ., in *Rev. bryol.*, 1891,
  n° 6, p. 92.
1894. *inundatum* Russ. Zur Kenntniss, etc., p. 45, *ex parte*.
  » *Gravetii* Russ. loc. cit., p. 63, *ex parte*.
  » *obesum* Warnst. Characteristik und Uebers., etc., in
  Hedwigia, 1894, p. 322.
(   ) *subsecundum* var. *contortum* f. *flui-* \(Cfr. Warnstorf
  tans Braun mss. in herb.   in *Bot. Cen-*
  » *subsecundum* var. *laxum* H. Müller, *tralbl.*, 1882,
  Westf. Laubm., n° 422.   n° 3-5).
Distrib. — EUROPE. Répandu dans les zones moyenne et
  septentrionale. S'élève dans les Alpes au-delà de
  2000 m. (Pfeffer). — AMÉRIQUE DU NORD. New-Hampshire, Massachusetts, Connecticut, Virginie.

Variétés.

denudatum *Husnot,* Sphagnol. europ., p. 8 (ut var. *obesum-denu-*
  datum).
Insolitum *Card.* Sph. d'Eur. (sub *S. subsecundo*).
plumosum *Warnst.* in *Bot. Centralbl.* 1882, n° 3-5 (ut var. *obesum-*
  plumosum). (Syn. : *S. subsecundum* var. *contortum* f. *fluitans*
  Braun, mss. in herb.; *S. subsecundum* var. *laxum* H. Müller,
  Westf. Laubm., n° 422).

oblongum Pal. Beauv. \cymbifolium *Hedw.* (test. C. Müller et
        Warnst.).
    (1805)   \squarrosum *Pers.* (teste Braithwaite).

122. **obovatum** Warnst. (1891). — (*Subsecunda*).

1891. *obovatum* Warnst. Beitr. zur Kenntn. exot. Sph., in
  Hedwigia, 1891, p. 18, pl. I, fig. 4ª, 4ᵇ, pl. IV, fig. d.

Distrib. — AFRIQUE. Madagascar (herb. Mitten).

obtusifolium {
Ehrh. (1792) et Auct. antiq. {
centrale *Arn. et Jens.*
cymbifolium (*Hedw.*) *Warnst.*
medium *Limpr.*
papillosum *Lindb.*
}
Griff. (   ). — Khasianum *Mitt.*
}

obtusifolium var. {
condensatum Web. et Mohr (1807). — rigidum *Sch.*
minus Hook. et Tayl. (1818). — rigidum *Sch.*
tenellum Bland. (1808). — molluscum *Bruch.*
turgidum Hook. et Wils. (1841). — cyclo-phyllum *Sulliv. et Lesq.*
}

obtusifolium var. Web. et Mohr (1807). — molluscum *Bruch.*

123. **obtusiusculum** Lindb. (   ). — (*Acutifolia*).

(   ) *obtusiusculum* Lindb. in herb. kew.

1881. *ericetorum* Besch. Fl. bryol. Réunion, p. 187, non Brid. (*Verisimiliter*).

1889. *acutifolium* var. *borbonicum* Ren. et Card. in litt.
» *Rodriguezii* Ren. et Card. in litt.

1890. *obtusiusculum* Warnst. Beitr. zur Kenntn. exot. Sph., in *Hedwigia*, 1890, p. 196, pl. IV, fig. 8^a, 8^b, pl. VII, fig. 13.

Distrib. — AFRIQUE. Madagascar (Pollen et Van Dam); plateau d'Ikongo (Dr Besson; herb. Renauld et Cardot). La Réunion (Richard, Rodriguez). Maurice (herb. Renauld et Cardot).

Variété.

purpurascens *Warnst.* in *Hedwigia*, 1890, p. 197.

124. **obtusum** Warnst. (1877) ex parte. Russ. (1889). — (*Cuspidata*).

1865. *cuspidatum* var. *majus* Russ. Beitr. zur Kenntn. der
Torfm., p. 58, *ex parte*.

1877. *obtusum* Warnst. in *Bot. Zeit.*, 1877, p. 478, *ex parte*.

1880. *intermedium* var. *riparium* Braithw. The Sphagn.,
p. 80, *ex parte*.

1881. *variabile* var. 1 *intermedium* α *speciosum* Warnst. Die
europ. Torfm., p. 62, *ex parte*.

1883. *intermedium* var. *pseudo-Lindbergii* Jens. in Cat. pl.
Soc. Copenh., p. 23.

1884. *recurvum* var. *obtusum* Warnst. Sphagnol. Rückbl.,
in *Flora*, 1884, *ex parte*.

»   *recurvum* var. *pseudo-Lindbergii* Warnst. loc. cit.

1886. *recurvum* var. *obtusum* Limpr. Laubm. 1, p. 132, *ex
parte*.

»   *Limprichtii* Röll, Zur System. der Torfm. in *Flora*,
1886, *ex parte*.

1889. *obtusum* Russ. in *Sitzungsber. der Dorpat. Naturforsch.-
Ges.*, 1889, pp. 99 et seq.

1890. *obtusum* Warnst. Die Cuspidatumgruppe der europ.
Sphagna, in *Bot. Ver. der Prov. Brand.*, XXXII, p. 222,
pl. I, fig. 47 à 50, pl. II, fig. t et u.

»   *obtusum* Warnst. Contrib. to the knowl. of the N.
Am. Sph., in *Bot. Gaz.*, XV, p. 219.

»   *obtusum* Jens. De danske Sph.-Art., in *Bot. Foren.
Festskr.*, 1890, p. 110 (61), pl. 2, fig. 26, pl. 6, fig. 26, 26ᵃ.

1891. *obtusum* Venturi, Les Sph. europ., in *Rev. bryol.*, 1891,
n° 5, p. 79.

1894. *obtusum* Russ. Zur Kenntniss, etc., pp. 153 et 165.

(   ) *rivulare* Angstr. in herb. Braun (teste Russow, in
Sitzungsber. der Dorpat. Naturforsch.-Ges., 1889, p. 108).

»   *recurvum* var. *robustum* Limpr. in litt.

Distrib. — EUROPE. Répandu dans presque toute la zone
moyenne et septentrionale, mais beaucoup plus rare
que le *S. recurvum*. Autriche, Allemagne, Russie, Finlande, Laponie, Scandinavie, Danemark, Belgique,

Jura français, aux Rouges-Truites (Hétier, fide Camus),
probablement aussi dans les Iles-Britanniques. Ne
s'élève dans les montagnes qu'à 600-700 m. (Alpes
d'Autriche). — Pas encore constaté dans l'Amérique
du Nord.

Variétés.

aquaticum *Warnst.* in *Bot. Ver. der Prov. Brand.*, XXXII, p. 224.
fuscescens *Jens.* De danske Sph.-Art.
microphyllum *Warnst.* Europ Torfm., n° 193.
molle *Jens.* De danske Sph.-Art.
pseudo-Lindbergii *Jens.* Cat. pl. soc. Copenh., p. 23 (sub *S. inter-
      medio*).
tenellum *Warnst.* in *Hedwigia*, 1884, n° 7-8 (ut *S. recurvum* var.
      obtusum f. *tenellum*).
teres *Warnst.* in *Bot. Ver. der Prov. Brand.*, XXXII, p. 224.

obtusum Warnst. $\left\{\begin{array}{l}\text{obtusum (}Warnst.\text{) }Russ.\\ \text{recurvum (}Pal. Beauv.\text{) }Russ. et Warnst.\\ \quad\text{var. amblyphyllum }Warnst.\end{array}\right.$
(1877)

obtusum var. *Dusenii* Jens. (1888). — Dusenii *Jens.*

125. **oligodon** Rehm. (   ). — (*Subsecunda*).

(   ) *oligodon* Rehm. Musci austro-afric., n° 14 (non
      n° 431).
1887. *oligodon* C. Müll. Sph. nov. descript., in *Flora*, 1887,
      p. 412.
1891. *oligodon* Warnst. Beitr. zur Kenntn. exot. Sph., in
      Hedwigia, 1891, p. 39, pl. III, fig. 31ᵃ, 31ᵇ, pl. V.
      fig. y.
Distrib. — AFRIQUE AUSTRALE. Natal : Inanda (Dᵣ A. Reh-
      mann); près de Umpumulo (Ellen Olsen, 1882; herb.
      Kiaer). Pondoland (Dᵣ Bachmann, 1888; herb. Mus.
      Berlin).

oligodon Rehm. Musci austr.-afr., n° 431 (non n° 14). —
      Rehmanni *Warnst.*

126*. Orbignianum Lortz. (   ). — (   ). [1]

Distrib. — AMÉRIQUE DU SUD. Pérou (d'Orbigny).

127. orlandense Warnst. (1892). — *(Subsecunda)*.

1892. *orlandense* Warnst. Einige neue exot. Sph., in *Hedwigia*, 1892, p. 177, pl. XVI, fig. 10 à 12.

1893. *orlandense* Warnst. Beitr. zur Kenntn. exot. Sph., in *Hedwigia*, 1893, p. 16.

1894. *orlandense* Warnst. Characteristik und Uebers., etc., in *Hedwigia*, 1894, p. 325.

Distrib. — AMÉRIQUE DU NORD. Floride, près d'Orlando (W. R. Coc, 1892; herb. D. C. Eaton). New-Jersey, près de Quaker Bridge (Dr Evans, 1892).

128. ovalifolium Warnst. (1891). — *(Subsecunda)*.

1891. *ovalifolium* Warnst. Beitr. zur Kenntn. exot. Sph., in *Hedwigia*, 1891, p. 23, pl. I, fig. 11ᵃ, 11ᵇ, pl. IV, fig. 1.

» *ovalifolium* Warnst. apud Broth. Contrib. à la flore bryol. du Brésil, in *Act. Soc. sc. fenn.*, XIX, n° 5.

1894. *ovalifolium* Warnst. Characteristik und Uebers., etc., in *Hedwigia*, 1894, p. 327.

Distrib. — AMÉRIQUE DU SUD. Brésil : Minas Geraes, Caraça (E. Wainio, 1885; herb. Brotherus); Goyaz, Serra Dourada (E. Ule, n° 1527).

Variété.

angustatum *Warnst.* apud Broth. Beitr. zur Kenntn. brasil. Moosfl., in *Hedwigia*, 1895, p. 130.

129*. ovatum Hpe (1874). — (   ).

1874. *ovatum* Hpe apud C. Müll. in *Linnaea*, 1874, p. 546. [2]

---

1. Espèce signalée par M. C. Müller à M. Warnstorf; mais ce dernier ne l'a pas encore vue et n'a pu me dire si elle a été publiée quelque part.

2. Cfr. Warnstorf, Beitr. zur Kenntn. exot. Sph., in *Hedwigia*, 1891, p. 169.

Distrib. — Asie. Inde orientale : Sikkim (S. Kurz, n° 2104).
ovatum Sch. (   ). — medium *Limpr.*

130. **oxycladum** Warnst. (1891). — (*Subsecunda*).

(   ) *coronatum* var. *cuspidatum* Rehm. Musci austro-afr.,
    n° 10.

1891. *oxycladum* Warnst. Beitr. zur Kenntn. exot. Sph.,
    in *Hedwigia*, 1891, p. 15, pl. I, fig. 1ᵃ, 1ᵇ, pl. IV, fig. a.

Distrib. — Afrique austro-orientale. « In montibus supra
    Worcester » (Rehmann, Musci austro-afr., n° 10).

131. **oxyphyllum** Warnst. (1890). — (*Acutifolia*).

1890. *oxyphyllum* Warnst. Beitr. zur Kenntn. exot. Sph.,
    in *Hedwigia*, 1890, pp. 192, pl. IV, fig. 5ᵃ, 5ᵇ, pl. VII,
    fig. 15.

1894. *oxyphyllum* Warnst. Characteristik und Uebers., etc.,
    in *Hedwigia*, 1894, p. 309.

(   ) *subaciphyllum*) C. Müll. in litt. (teste Warnstorf, in
  »   *nanum*   )   litt., 1895).

Distrib. — Amérique du Sud. Brésil : Tubarao, Serra
    Geral (E. Ule, 1890).

Variété.

nanum *Warnst.* in litt. 1895. (Syn. : *S. nanum* C. Müll. in litt.).

P

pachycladum C. Müll. (   ). — Whiteleggei *C. Müll.*

132. **pallidum** Warnst. (1891). — (*Subsecunda*).

1891. *pallidum* Warnst. Beitr. zur Kenntn. exot. Sph., in
    Hedwigia, 1891, p. 171, pl. XIX, fig. 30ᵃ, 30ᵇ, pl. XXIV,
    fig. nn.

»   *flaccirameum* C. Müll. in litt. ad Renauld.

Distrib. — Afrique. La Réunion : Mafate, Salazie (Rodri-
    guez, Chauvet; herb. Renauld et Cardot et herb. de Poli).

palustre { α Linn. (1753). — cymbifolium *Hedw.*
{ β Linn. (1753) { acutifolium *Ehrh.*
{ cuspidatum *Ehrh.*

palustre capillifolium Ehrh. (1780) { acutifolium *Ehrh.*
{ cuspidatum *Ehrh.*

palustre cymbifolium Ehrh. (1780). — cymbifolium *Hedw.*

palustre Lindb. { (1874 et 1882) { cymbifolium (*Hedw.*). *Warnst.*
{ { medium *Limpr.*
{ (1884). — cymbifolium (*Hedw.*) *Warnst.*

palustre subsp. {
cymbifolium Russ. (1887). — cymbifolium (*Hedw.*) *Warnst.*
intermedium Russ. (1887). — centrale *Arn. et Jens.*
medium Russ. (1887). — medium *Limpr.*
papillosum Russ. (1887). — papillosum *Lindb.*

palustre var. {
capillaceum Weiss. (1770) { acutifolium *Ehrh.*
{ cuspidatum *Ehrh.*
compactum Sendtn. (   ). — rigidum *Sch.*
cuspidatum Liljebl. (1798). — cuspidatum *Ehrh.*
intermedium Liljebl. (1798). — acutifolium *Ehrh.*
medium Sendtn. (   ). — medium *Limpr.*

133. **panduraefolium** C. Müll. (1878). — (*Subsecunda*).

1878. *panduraefolium* C. Müll. in *Rev. bryol.*, 1878, p. 71 (*nomen solum*).

1887. *panduraefolium* C. Müll. Sph. nov. descript., in *Flora*, 1887, p. 418.

1891. *panduraefolium* Warnst. Beitr. zur Kenntn. exot. Sph., in *Hedwigia*, 1891, p. 26, pl. I, fig. 12ᵃ, 12ᵇ, pl. IV, fig. m.

Distrib. — AFRIQUE AUSTRALE. Cap, montagne de la Table, Stinkwater (Rehmann, Musci austro-afr., nᵒˢ 15 et 16 *ex parte*).

134. **papillosum** Lindb. (1872). — (*Cymbifolia*).

obtusifolium Auct. antiq., *ex parte*.

cymbifolium Auct. antiq., *ex parte*.

1817. — var. *turgidum* Mart. Fl. crypt. Erlang.,
p. 117 (teste Lindberg).

1823. *cymbifolium* var. *densissimum* Braun mss. in herb.
(teste Warnstorf, in *Bot. Centralbl.*, 1882, n° 3-5).

1832. *immersum* Casseb. Wetter. Laubm., n° 8.

1872. *papillosum* Lindb. in *Act. Soc. sc. fenn.* X, p. 280.

1874. — Lindb. in *Not. ür Sällsk. pro Fauna et Fl.
fenn.*, 1874, p. 392.

1876. *cymbifolium* var. *papillosum* Sch. Syn. Musc. europ.
ed. 2, p. 848.

1880. *papillosum* Braithw. The Sphagn., p. 35, pl. IV.

1881. *cymbifolium* var. 2 *papillosum* Warnst. Die europ.
Torfm., p. 137.

» *papillosum* Limpr. Zur System. der Torfm., in *Bot.
Centralbl.*, 1881, p. 313.

1882. *cymbifolium* var. *papillosum* Husnot, Sphagnol.
europ., p. 5.

» *papillosum* Lindb. Eur. och N. Am. hvitmoss., p. 14.

» *cymbifolium* subsp. *papillosum* Warnst. in *Flora*,
1882, p. 552.

1884. *papillosum* Lesq. et Jam. Man. of the Moss. of N.
Am., p. 21.

» *papillosum* Warnst. Sphagnol. Rückbl., in *Flora*, 1884.

1885. — Limpr. Laubm. I, p. 105.

1886. — Röll, Zur System. der Torfm., in *Flora*,
1886.

» *cymbifolium* subsp. *papillosum* Card. Sph. d'Eur., in
Bull. de la Soc. royale de Bot. de Belg., t. XXV, part. I,
p. 47 (31), pl. II, fig. 6, pl. III, fig. 3.

1887. *papillosum* Dusén, On Sphagn. Utbredn. Skand.,
pp. 6 et 55.

1887. *palustre* subsp. *papillosum* Russ. in *Sitzungsber. der Dorpat. Naturforsch.-Ges.*, 1887, p. 312.

» *palustre* subsp. *papillosum* Russ. Zur Anatomie der Torfm., p. 28.

» *cymbifolium* subsp. *papillosum* Card. Rév. des Sph. de l'Am. du Nord, in *Bull. de la Soc. royale de Bot. de Belg.*, t. XXVI, part. I, p. 43 (5).

1890. *cymbifolium* varr. *sublaeve* et *papillosum* Warnst. Contrib. to the knowl. of the N. Am. Sph., in *Bot. Gaz.*, XV, p. 251.

» *cymbifolium* subsp. *papillosum* Jens. De danske Sph.-Art., in *Bot. Foren. Festskr.*, 1890, p. 70 (21), pl. 1, fig. 2ᵃ, pl. 2, fig. 29, pl. 5, fig. 2ᵃ.

1891. *papillosum* varr. *normale* et *sublaeve* Warnst. Beitr. zur Kenntn. exot. Sph., in *Hedwigia*, 1891, p. 158, pl. XVII, fig. 24ᵃ, pl. XVIII, fig. 24ᵇ, pl. XXIII, fig. ce.

» *cymbifolium* Venturi, Les Sph. europ., in *Rev. bryol.* 1891, n° 6, p. 92, *ex parte*.

1894. *papillosum* Russ. Zur Kenntniss, etc., p. 117.

»   —   Warnst. Characteristik und Uebers., etc., in *Hedwigia*, 1894, p. 330.

Distrib. — EUROPE. Assez répandu dans les zones moyenne et septentrionale. S'élève dans les Alpes à plus de 2000 m. — AMÉRIQUE DU NORD. Labrador, Terre-Neuve, Miquelon, Canada, Nouveau-Brunswick, Etats du Nord et de l'Est jusqu'au New-Jersey ; se retrouve en Louisiane, dans le Washington et dans l'Alaska. — ARCHIPEL MALAIS. Java « in radicibus Orchidearum » (Teysmann, teste Lindberg). Cette indication se rapporte-t-elle bien au *S. papillosum* ?

Variétés.

abbreviatum *Grav.* apud Warnst. in *Hedwigia*, 1884, n° 7-8.

Berneti *Röll*, in *Flora*, 1886. (Syn. : *S. cymbifolium* var. *macro cephalum* Bernet in litt.).

brachyceps *Schlieph.* apud Warnst. in *Flora*, 1884.

brachycladum *Card.* in *Rev. bryol.*, 1884. (Syn. : var. *brachycladum*
Schlieph. apud Warnst. in *Flora*, 1884).

brachycladum Schlieph. — var. brachycladum *Card.*

confertum *Lindb.* in *Not. ür Sallsk. pro Fauna el Fl. fenn.*, XIII,
p. 400.

deflexum *Röll*, in *Flora*, 1886.

densum *Schlieph.* apud Röll, in *Irmischia*, 1884. (Syn. : var. *confertum* forma, teste Warnst. in *Flora*, 1884).

elatum *Schlieph.* loc. cit.

flaccidum *Schlieph.* in *Irmischia*, 1882. (Syn. : var. *riparium* Grav.
in litt.).

fuscescens *Jens.* De danske Sph.-Art. ; et Warnst. Europ. Torfm.,
n⁰ˢ 10 et 11 (ut *S. cymbifolium* var. *papillosum* f. *fuscescens*).

glauco-virens *Schlieph.* apud Röll, in *Irmischia*, 1884.

laxum *Röll*, in *Flora*, 1886.

livens *Card.* Rév. des Sph. de l'Am. du Nord (ut forma).

majus Grav. — var. molle *Schlieph.*

minutulum *Schlieph.* apud Limpr. Laubm. I, p. 106.

molle *Schlieph.* apud Warnst. in *Flora*, 1884. (Syn. : var. *majus*
Grav. in litt.).

normale *Warnst.* Europ. Torfm., n⁰ˢ 208 à 210.

obesum *Schlieph.* apud Warnst. in *Flora*, 1884.

ochraceum Warnst. — var. patens Schlieph.

patens *Schlieph.* apud Röll. in *Irmischia*, 1884. (Syn. : var. *ochraceum* Warnst. Sphagn. europ., n⁰ 147).

patulum *Schlieph.* apud Warnst. in *Flora*, 1884.

purpurascens *Limpr.* apud Warnst. loc. cit.

pycnocladum *Röll*, in *Flora*, 1886.

riparium Grav. — var. flaccidum *Schlieph.*

robustum *Jens.* De danske Sph.-Art.

Schliephackeanum *Röll*, in *Flora*, 1886.

stenophyllum *Lindb.* in *Not. ür Sallsk. pro Fauna et Fl. fenn.*
XIII, p. 400.

strictum *Schlieph.* apud Röll, in *Irmischia*, 1884. (Syn. : var. *confertum* forma, teste Warnst. in *Flora*, 1884).

sublaeve *Limpr.* apud Warnst. in *Flora*, 1884.

submersum *Grav.* apud Warnst. loc. cit.

papillosum
var.
{ *intermedium* Warnst. (1891). — centrale *Arn.
et Jens.*
{ *plumosum* Russ. (1888). — brasiliense *Warnst.*

135. Pappeanum C. Müll. (1849). — (*Rigida*).

1849. *Pappeanum* C. Müll. Syn. I, p. 101.

1890. — Warnst. Beitr. zur Kenntn. exot. Sph., in *Hedwigia*, 1890, p. 248, pl. XII, fig. 14 à 17, pl. XIV, fig. k.

( ) *rigidiforme* Warnst. mss. in sched. (teste Warnst. in litt.).

Distrib. — AFRIQUE. Cap (Pappe, Mac Owan); Montagu Pass (Rehmann, Musci austro-afr., n° 12). Runssoro (Stuhlmann, n° 2385). La Réunion (Rodriguez; herb. Renauld et Cardot).

patens {
Besch. (1881). — Bescherellei *Warnst.*
Brid. (1806). — cymbifolium *Ehrh.*
Brid. ( ) in herb. — meridense *C. Müll.*

patulum Mitt. ( ). — squarrosum *Pers.*

136. paucifibrosum Warnst. (1891). — (*Cymbifolia*).

1891. *paucifibrosum* Warnst. Beitr. zur Kenntn. exot. Sph., in *Hedwigia*, 1891, p. 152, pl. XVI, fig. 20^a, 20^b, pl. XXII, fig. y.

1894. *paucifibrosum* Warnst. Characteristik und Uebers., etc., in *Hedwigia*, 1894, p. 330.

Distrib. — AMÉRIQUE DU SUD. Brésil (Blanchet, 1841; herb. Meisner).

pellucidifolium C. Müll. ( ). — gracilescens *Hpe.*

pentastichum Brid. (1806) {
acutifolium *Ehrh.* (teste Braithwaite).
recurvum *Pal. Beauv.* (test. C. Müller et Warnst.).

137. perforatum Warnst. (1891). — (*Subsecunda*).

1891. *perforatum* Warnst. Beitr. zur Kenntn. exot. Sph., in *Hedwigia*, 1891, p. 23, pl. I, fig. 10^a, 10^b, pl. IV, fig. k.

1894. *perforatum* Warnst. Characteristik und Uebers., etc., in *Hedwigia*, 1894, p. 326.

(   ) *affine* Angstr. in litt. sec. C. Müller (teste Warnst.
in litt. 1895).

Distrib. — AMÉRIQUE DU SUD. Brésil : Minas Geraes,
Caldas (A. F. Regnell; herb. Brotherus); Goyaz, Serra
dos Pyreneos (E. Ule, n°ˢ 1528, 1529).

Variété.

rotundifolium *Warnst.* apud Broth. Beitr. zur Kenntn. brasil.
Moosfl., in *Hedwigia*, 1895, p. 130 (Ule, n°ˢ 1528, 1529).

perichaetiale Hpe (1849). — erythrocalyx *Hpe.*
peruvianum Mitt. (1869). — erythrocalyx *Hpe.*

138. **planifolium** C. Müll. (1887). — (*Cuspidata*).

1887. *planifolium* C. Müll. Sp. nov. descript., in *Flora*,
1887, p. 415.

1890. *planifolium* Warnst. Beitr. zur Kenntn. exot. Sph.,
in *Hedwigia*, 1890, p. 226, pl. VIII, fig. 24 à 27, pl. X,
fig. 10 et 11.

Distrib. — AFRIQUE OCCIDENTALE. Gabon[1], chute Arthington
(Dʳ Büttner, 1885).

139*. **platycladum** C. Müll. (1887). — (*Rigida ?*).

1887. *platycladum* C. Müll. Sph. nov. descript., in *Flora*,
1887, p. 417.

Distrib. — AMÉRIQUE CENTRALE. Mexique : Mirador (Sar-
torius).

140. **platyphylloides** Warnst. (1891). — (*Subsecunda*).

1891. *platyphylloides* Warnst. Beitr. zur Kenntn. exot.
Sph., in *Hedwigia*, 1891, p. 21, pl. I, fig. 8ᵃ, 8ᵇ, pl. V,
fig. ee.

»   *platyphylloides* Warnst. apud Broth. Contrib. à la fl.
bryol. du Brésil, in *Act. Soc. sc. fenn.*, XIX, n° 5.

1894. *platyphylloides* Warnst. Characteristik und Uebers.,
etc., in *Hedwigia*, 1894, p. 324.

1. Congo, d'après M. Warnstorf.

1894. *isophyllum* Russ. Zur Kenntniss, etc., p. 55, *ex parte*.

Distrib. — AMÉRIQUE DU SUD. Brésil : Minas Geraes, Caraça (E. Wainio, 1885).

141. platyphyllum Sulliv. (1868). Warnst. (1884). — (*Subsecunda*).

1864. *auriculatum* Angstr. in *Oefv. Vet. Ak.*, XXI, p. 200 (non Sch.).

» *neglectum* Angstr. loc. cit., p. 201 (teste Warnst. in *Bot. Gaz.*, XV, p. 245 et in *Hedwigia*, 1891, p. 44).

1865. *subsecundum β isophyllum* Russ. Beitr. zur Kenntn. der Torfm., p. 71, *ex parte*.

1868. *platyphyllum nov. sp. ? vel var. S. neglecti ?* Sulliv. mss. (teste Lindberg, in *Not. ür Sällsk. pro Fauna et Fl. fenn.*, XIII, p. 403).

1871. *subsecundum* var. *auriculatum* Hartm. Skand. Fl. ed. 10, p. 124, *ex parte* (teste Dusén, On Sphagn. Utbredn. Skand., p. 17).

1874. *laricinum* varr. *teretiusculum, platyphyllum* et *cyclophyllum* (specim. ex ins. Aland) Lindb. in *Not. ür Sällsk. pro Fauna et Fl. fenn.*, XIII, pp. 402-404.

1879. *laricinum* varr. *teretiusculum, platyphyllum* et *subsimplex* Lindb. Musci scand., p. 11.

1880. *laricinum* varr. *teretiusculum, platyphyllum* et *subsimplex* (*cyclophyllum* ex parte) Braithw. The Sphagn., pp. 46 et 47, pl. VIII.

1881. *cavifolium* var. 2 *laricinum α cyclophyllum, β teretiusculum, γ platyphyllum* Warnst. Die europ. Torfm., pp. 88-90.

1882. *laricinum* varr. *teretiusculum, platyphyllum* et *subsimplex* Husnot, Sphagnol. europ., p. 10.

» *laricinum* Lindb. Eur. och N. Am. hvitmoss., p. 25, *ex parte*.

1883. *laricinum* var. *fluitans* Jens. in Cat. pl. soc. Copenh.

1884. *platyphyllum* Warnst. Sphagnol. Rückbl., in *Flora*,
  1884.

 » *laricinum* varr. *teretiusculum* et *fluitans* Warnst.
  loc. cit.

 » *laricinum* var. *submersum* Card. in *Rev. bryol.*, 1884,
  n° 4, p. 54.

1885. *platyphyllum* Limpr. Laubm., I, p. 122.

1886.   —   Röll, Zur System. der Torfm., in
  Flora, 1886.

 » *laricinum* varr. *teretiusculum* et *fluitans* Röll, loc. cit.

 » *subsecundum* subsp. *laricinum* Card. Sph. d'Eur., in
  Bull. de la Soc. royale de Bot. de Belg., t. XXV, part. I,
  p. 71 (55), *ex parte*.

1887. *subsecundum* subsp. *laricinum* var. *subsimplex* Card.
  Rév. des Sph. de l'Am. du Nord, in *Bull. de la Soc.
  royale de Bot. de Belg.*, t. XXVI, part. I, p. 52 (14).

 » *platyphyllum* Dusén, On Sphagn. Utbredn. Skand.,
  pp. 17 et 75.

 » *cavifolium* subsp. *platyphyllum* Russ. in *Sitzungsber.
  der Dorpat. Naturforsch.-Ges.*, 1887, p. 312.

 » *cavifolium* subsp. *platyphyllum* Russ. Zur Anatomie
  der Torfm., p. 29.

1890. *platyphyllum* Warnst. Contrib. to the knowl. of the
  N. Am. Sph., in *Bot. Gaz.*, XV, p. 245.

 » *contortum* subsp. *platyphyllum* Jens. De danske Sph.-
  Art., in *Bot. Foren. Festskr.*, 1890, p. 76 (27), pl. 1,
  fig. 4ª, pl. 5, fig. 4ª.

1891. *platyphyllum* Venturi, Les Sph. europ., in *Rev. bryol.*,
  1891, n° 6, p. 91.

1894. *isophyllum* Russ. Zur Kenntnis, etc., p. 55 (excl.
  syn. *S. platyphylloides* et *S. aequifolium*).

 » *platyphyllum* Warnst. Characteristik und Uebers.,
  etc., in *Hedwigia*, 1894, p. 324.

 ( ) *cochlearifolium* Wils. mss. in herb. (teste Braithw.
  The Sphagn., p. 47).

 »   *decipiens* Sulliv. et Lesq. mss. in herb. kew. (teste Warnst., in *Hedwigia,* 1891, p. 44).

Distrib. — EUROPE. Plaines de la zone moyenne et septentrionale ; rare. — ASIE. Sibérie : vallée de l'Iéniséi (Arnell). — AMÉRIQUE DU NORD. Massachusetts, New-Jersey, Virginie, Louisiane ; rare.

Variétés.

compactum *Röll.,* in *Flora,* 1886.

contortum *Röll,* loc. cit.

fennicum *Jens.* De danske Sph.-Art.

fluitans *Jens.* in *Cat. pl. soc. Copenh.*

gracile *Röll,* in *Flora,* 1886.

molle *Röll,* loc. cit.

robustum *Warnst.,* in *Flora,* 1884.

submersum *Card.* in *Rev. bryol.,* 1884, n° 4 (sub *S. laricino*).

subsimplex *Lindb.* Musci scand., p. 11 (sub *S. laricino*). (Syn. : var. *turgescens* Warnst., in *Hedwigia,* 1884, n° 7-8).

teretiusculum *Lindb.* in *Not. ür Sällsh. pro Fauna et Fl. fenn.* XIII, p. 402 (sub *S. laricino*).

turgescens Warnst. — var. subsimplex *Lindb.*

142. **plicatum** Warnst. (1891). — (*Subsecunda*).

1885. *laricinum* var. *floridanum* Ren. et Card. in *Rev. bryol.* 1885, n° 3, p. 46.

1887. *subsecundum* subsp. *laricinum* var. *floridanum* Card. Rév. des Sph. de l'Am. du Nord, in *Bull. de la Soc. royale de Bot. de Belg.,* t. XXVI, part. I, p. 52 (14).

1891. *sulcatum* Warnst. in litt. ad Cardot.

 »   *plicatum* Warnst. Beitr. zur Kenntn. exot. Sph., in *Hedwigia,* 1891, p. 169, pl. XIX, fig. 32ª, 32ᵇ, pl. XXIV, fig. pp.

1894. *plicatum* Warnst. Characteristik und Uebers., etc., in *Hedwigia,* 1894, p. 325. [1]

---

1. M. Warnstorf (in *Hedwigia,* 1891, p. 170), rattache aussi, avec doute, au *S. plicatum,* le *S. subsecundum* var. *pseudo-molle* Ren. et Card. in *Rev. bryol.* 1885, n° 3, p. 45, de la Floride (Fitzgerald). Toutefois, cette forme me paraît différer du *S. plicatum* par l'absence d'épiderme caulinaire, ou, du moins, par son épiderme indistinct

Distrib. — Amérique du Nord. Floride (Fitzgerald); Louisiane (Langlois ; herb. Cardot); Massachusetts : Gran-
ville (misses Mann et Cummings).

plumulosum Röll (1886)[1]
{
acutifolium (*Ehrh.*) *Russ. et Warnst.*
quinquefarium *Warnst.*
subnitens *Russ. et Warnst.*
} *ex parte.*

polyporum Mitt. ( ). — subsecundum *Nees*, an rufescens
Nees et Hsch. ? (Cfr. Lindb. Eur. och N. Am. hvitmoss.,
p. 29).

porosum
{
Lindb. (1872). — teres *Angstr.*
Schlieph. et Warnst. (1888). — Dusenii *Jens.*
}

143. **portoricense** Hpe (1852). — (*Cymbifolia*).

1852. *portoricense* Hpe, in *Linnaea*, XXV, 1852, p. 359.

1863. *Sullivantianum* Aust. in *Amer. Journ. Sc. and arts*
1863, p. 252.

1864. *portoricense* Sulliv. Icon. Musc., p. 3, pl. 2.

1. M. Röll (in *Flora*, 1886), attribue à son *S. plumulosum* les
variétés suivantes :

albescens *Schlieph.* (= S. *acutifolium* (Ehrh.) Russ. et Warnst.).
Cardotii *Warnst.* (= S. *acutifolium* (Ehrh.) Russ. et Warnst.).
elongatum *Warnst.* (ut var. *luridum* f. *elongatum*) (= S. *subnitens*
    Russ. et Warnst.).
fusco-virescens *Warnst.* (= S. *acutifolium* (Ehrh.) Russ. et Warnst.).
Gerstenbergeri *Warnst.* (= S. *quinquefarium* Warnst.).
immersum *Schlieph.* (= S. *acutifolium* (Ehrh.) Russ. et Warnst).
laetevirens *Braithw.* (= S. *subnitens* Russ. et Warnst.).
laxum *Russ.* (= S. *subnitens* Russ. et Warnst. ?).
limosum *Grav.* (= S. *subnitens* Russ. et Warnst.).
luridum *Hüb.* (= S. *subnitens* Russ. et Warnst.).
plumosum *Milde* (= S. *subnitens* Russ. et Warnst.).
quinquefarium *Braithw.* (= S. *quinquefarium* Warnst.).
Schillerianum *Warnst.* (= S. *subnitens* Russ. et Warnst.).
silesiacum *Warnst.* (= S. *quinquefarium* Warnst.).
squarrosulum *Warnst.* (= S. *subnitens* Russ. et Warnst.).
submersum *Röll* (= S. *subnitens* Russ. et Warnst. ?).
violaceum *Warnst.* (ut var. *luridum* f. *violaceum*) (= S. *subnitens*
    Russ. et Warnst.).

1876. *Herminieri* Sch. apud Besch. Fl. bryol. Ant. fr., p. 91. [1]
1880. *portoricense* Braithw. The Sphagn., p. 32, pl. II.
1882.   —   Lindb. Eur. och. N. Am. hvitmoss., p. 9.
1884.   —   Lesq. et Jam. Man. of the Moss. of N.
   Am., p. 22.
1887. *portoricense* Card. Rév. des Sph. de l'Am. du Nord,
   in *Bull. de la Soc. royale de Bot. de Belg.*, t. XXVI,
   part. I, p. 45 (7).
1889. *portoricense* Warnst., in *Hedwigia*, 1889, n° 5.
1890.   —   Warnst., in *Hedwigia*, 1890, n° 2.
   »   —   Warnst. Contrib. to the knowl. of the
   N. Am. Sph., in *Bot. Gaz.*, XV, p. 248.
1891. *portoricense* Warnst. Beitr. zur Kenntn. exot. Sph.,
   in *Hedwigia*, 1891, p. 138, pl. XIV, fig. 3ᵃ, 3ᵇ, pl. XX,
   fig. d.
1894. *portoricense* Warnst. Characteristik und Uebers., etc.,
   in *Hedwigia*, 1894, p. 328.
Distrib. — AMÉRIQUE DU NORD. New-Jersey (Austin, Evans).
   — ANTILLES. Porto-Rico (Schwanecke); Guadeloupe
   (L'Herminier, Husnot ; *S. Herminieri* Sch.).

   Variété.
fuscescens *Warnst*. Europ. Torfm., n° 301.

praemorsum Zenk. et Dietr. (1821). — rigidum *Sch.*
procerum Sch. (   ). — antarcticum *Mitt.*
prostratum La Pyl. (   ). — Pylaiei *Brid.* var. prostratum
   Brid.

   144. pseudo-acutifolium C. Müll. et Warnst. (1896). —
   (*Acutifolia*).
1896. *pseudo-acutifolium* C. Müll. et Warnst. mss. (Warnst.
   in litt.).
Distrib. — AMÉRIQUE DU SUD. Brésil.

   1. Au sujet des *S. portoricense* Hpe et *S. Herminieri* Sch., voir
Cardot, Rév. des Sph. de l'Am. du Nord, et Warnstorf, *Hedwigia*,
1889 et 1890.

145. pseudo-cuspidatum Warnst. (1890). — (*Cuspidata*).

1890. *pseudo-cuspidatum* Warnst. Beitr. zur Kenntn. exot.
Sph., in *Hedwigia*, 1890, p. 218, pl. VIII, fig. 4 à 6,
pl. X, fig. 3.

Distrib. — AFRIQUE. Madagascar : Imerina (Hildebrandt).

146. pseudo-cymbifolium C. Müll. (1874). — (*Cymbi-folia*).

1859. *cymbifolium* Mitt. Musc. Ind. or., p. 156, *saltem ex
parte* (n° 1289).
1874. *pseudo-cymbifolium* C. Müll., in *Linnaea*, 1874, p. 547.
1891. — Warnst. Beitr. zur Kenntn. exot.
Sph., in *Hedwigia*, 1891, p. 141, pl. XIV, fig. 6ᵃ, 6ᵇ,
pl. XX, fig. g, h α, h β.

Distrib. — ASIE. Himalaya, Sikkim (J. D. Hooker, n° 1289);
Bhotan-Jongsa, vers 3,000 m. (Griffith ; herb. Mitten
et Bescherelle); lac Catsuperi (J. D. Hooker ; herb.
Mitten).

147. pseudo-medium Warnst. (1891). — (*Cymbifolia*).

1891. *pseudo-medium* Warnst. Beitr. zur Kenntn. exot.
Sph., in *Hedwigia*, 1891, p. 164, pl. XVIII, fig. 27ᵃ, 27ᵇ,
pl. XXIV, fig. hh.
1894. *pseudo-medium* Warnst. Characteristik und Uebers.,
etc., in *Hedwigia*, 1894, p. 331.

Distrib. — AMÉRIQUE CENTRALE. Guatemala ? (herb. Zickendrath ; provenance douteuse).

pseudo-recurvum Röll (1889). — recurvum (*Pal. Beauv.*)
Russ. et Warnst.

pseudo-rigidum Besch. (1877). — Weddelianum *Besch.*

148. pseudo-rufescens Warnst. (1893). — (*Subsecunda*).

1893. *pseudo-rufescens* Warnst. Beitr. zur Kenntn. exot.
Sph., in *Hedwigia*, 1893, p. 6, pl. II, fig. 5ᵃ, 5ᵇ.

Distrib. — OCÉANIE. Tasmanie : Mt Wellington (Weymouth, 1888, n°ˢ 972-977; herb. Brotherus).

pugionatum C. Müll. (   ). — tumidulum *Besch.*

149. Puiggarii C. Müll. (1887). — (*Cymbifolia*).

1879. *submolluscum* Hpe, Enum. Musc. prov. Rio-de-Janeiro et S. Paulo, p. 2, *ex parte* (teste C. Müll. in *Flora,* 1887, p. 410).

1887. *Puiggarii* C. Müll. Sph. nov. descript., in *Flora,* 1887, p. 409.

1891. *Puiggarii* Warnst. Beitr. zur Kenntn. exot. Sph., in *Hedwigia,* 1891, p. 145, pl. XIV, fig. 9ᵃ, 9ᵇ, pl. XXI, fig. m.

1894. *Puiggarii* Warnst. Characteristik und Uebers., etc., in *Hedwigia,* 1894, p. 329.

Distrib. — AMÉRIQUE DU SUD. Brésil : province de S. Paulo, près d'Apiahi (Puiggarii, 1878); ile Santa-Catharina, près de Lagoa (E. Ule, n°ˢ 411, 413, 414).

pulchellum Warnst. (1888). — sparsum *Hpe.*

pulchricoma C. Müll. (1849). — recurvum (*Pal. Beauv.*) *Russ. et Warnst.* var. amblyphyllum *Warnst.*

150. purpuratum C. Müll. (   ). — (*Acutifolia*).

(   ) *purpuratum* C. Müll. in litt.

1890.   —   Warnst. Beitr. zur Kenntn. exot. Sph., in *Hedwigia,* 1890, p. 207, pl. V, fig. 18ᵃ, 18ᵇ, 18ᶜ, pl. VI, fig. 4.

1894. *purpuratum* Warnst. Characteristik und Uebers., etc., in *Hedwigia,* 1894, p. 311.

Distrib. — AMÉRIQUE DU SUD. Brésil : Santa-Catharina, entre Praia Comprida et Sâo Jose (E. Ule); Minas Geraes, Theresopolis (Schenck, n° 4903; herb. Brotherus); environs de Rio-de-Janeiro (Horeau, 1895; herb. Thériot); prov. de S. Paulo, Serra de Bocayana (W. Schwacke, n° 1966).

151. purpureum Sch. (   ). — *(Acutifolia)*.

(   ) *purpureum* Sch. mss. in herb. kew. et herb. Mitten.

1890. — Warnst. Beitr. zur Kenntn. exot. Sph., in *Hedwigia*, 1890, p. 197, pl. IV, fig. 9ᵃ, 9ᵇ, pl. VII, fig. 12.

Distrib. —. AFRIQUE. Maurice (Blackburn). Madagascar : Ambohimatsara près Ambositra, Betsileo (rev. Berthieu ; herb. Renauld et Cardot).

152. pycnocladulum C. Müll. (1878). — *(Mucronata)*.

1878. *pycnocladulum* C. Müll. in *Rev. bryol.*, 1878, p. 71 *(nomen solum)*.

1887. *pycnocladulum* C. Müll. Sph. nov. descript., in *Flora*, 1887, p. 420.

1891. *pycnocladulum* Warnst. Beitr. zur Kenntn. exot. Sph., in *Hedwigia*, 1891, p. 130, pl. XIV, fig. 2ᵃ, 2ᵇ, 2ᶜ, pl. XX, fig. c.

(   ). *mollissimum* C. Müll. apud Rehm. Musci austro-afric., n° 17 (teste Warnst., in *Hedwigia*, 1890, p. 186 et 1891, pp. 130-131).

Distrib. — AFRIQUE AUSTRALE. Montagu Pass (Dʳ A. Rehmann, 1875).

pycnocladum Angstr. (1864). — Wulfianum *Girg.*

153. Pylaiei Brid. (1826). — *(Subsecunda)*.

1826. *Pylaesii* Brid. Bryol. univ. I, p. 749.
» *sedoides* Brid. loc. cit., p. 750.

1849. *cymbifolium forma juvenilis* C. Müll. Syn. I, p. 92.

1856. *sedoides* var. ? Sulliv. Moss. of Un. Stat., p. 12.

1864. *Pylaesii* Sulliv. Icon. Musc., p. 12, pl. 6.
» *sedoides* Sulliv. loc. cit., p. 11, pl. 6.

1874. *Pylaesii* Sulliv. Icon. Musc. Suppl., p. 15, pl. 6.

1879. *Hemitheca Pylaiei* Lindb. mss.

1880. *Pylaiei* Braithw. The Sphagn., p. 85, pl. XXVIII.

1882. — Lindb. in *Rev. bryol.*, 1882, n° 1, pp. 1 et 14.

1882. *sedoides* Husnot, Sphagnol. europ., p. 9.

» *Pylaiei* Lindb. Eur. och N. Am. hvitmoss., p. 76.

1884. *Pylaesii* Lesq. et Jam. Man. of the Moss. of N. Am., p. 23.

» *sedoides* Lesq. et Jam. loc. cit.

» *Pylaiei* Warnst. Sphagnol. Rückbl., in *Flora,* 1884.

1886. — Limpr. Laubm. I, p. 134.

» — Card Sph. d'Eur., in *Bull. de la Soc. royale de Bot. de Belg.,* t. XXV, part. I, p. 72 (56).

1887. *Pylaiei* Card. Rév. des Sph. de l'Am. du Nord, in *Bull. de la Soc. royale de Bot. de Belg.,* t. XXVI, part. I, p. 52 (14).

1890. *Pylaiei* Warnst. Contrib. to the knowl. of the N. Am. Sph., in *Bot. Gaz.,* XV, p. 242.

1894. *Pylaiei* Russ. Zur Kenntniss, etc., p. 32.

» — Warnst. Characteristik und Uebers., etc., in *Hedwigia,* 1894, p. 322.

(   ). *illecebrum* Brid. in herb. Mus. Berlin.

» *prostratum* La Pyl. ibidem. (Cfr. Warnst. in *Bot. Centralbl.* 1882, n° 3-5).

Distrib. — EUROPE. Très rare. Découvert jadis par La Pylaie dans les montagnes d'Arrée, au pied du mont Saint-Michel, près de Châteaulin (Finistère), et retrouvé en 1878 dans cette localité par M. F. Camus, qui, en outre, a découvert une seconde station de cette Sphaigne au Menez c'Hom, presqu'île de Crozon, dans le même département. — Les échantillons de Bretagne appartiennent aux var. *sedoides* Lindb., *prostratum* Brid. (c'est celle-ci qui est indiquée par Bridel dans les montagnes d'Arrée) et *Camusi,* Husnot; le type américain ne paraît pas exister en Bretagne. — AMÉRIQUE DU NORD. Répandu, sous différentes formes, à Terre-Neuve et Miquelon, dans le Labrador, le Maine, le New-Hampshire, l'état de New-York, le New-Jersey et jusque dans les montagnes de la Caroline du Sud.

Variétés.

Austini *Husnot*, Sphagnol. europ., p. 9.
Camusi *Husnot*, loc. cit.
prostratum *Brid.* Bryol. univ. I, p. 751 (sub *S. sedoide*).
ramosum *Warnst.* in *Bot. Gaz.*, XV, p. 243.
sedoides *Lindb.* apud Braithw. The Sphagn., p. 86.

Q

154. **quinquefarium** Warnst. (1886). — (*Acutifolia*).

1788-1880. *acutifolium* Ehrh. et Auct., *ex parte*.

1880. *acutifolium* var. *quinquefarium* Lindb. apud Braithw.
The Sphagn., p. 71, pl. XXI.

1881. *acutifolium* varr. *quinquefarium* et *flavicaule* Warnst.
Die europ. Torfm., pp. 48 et 50.

1882. *acutifolium* var. *quinquefarium* Husnot, Sphagnol.
europ., p. 13.
» *acutifolium* var. *Gerstenbergeri* Warnst. in *Flora*,
p. 206.

1884. *acutiforme* var. *silesiacum* Warnst., in *Hedwigia*, 1884.
» *acutifolium* varr. *Gerstenbergeri, quinquefarium* et
pallens Warnst. Sphagnol. Rückbl., in *Flora*, 1884.
» *acutiforme* var. *silesiacum* Warnst. loc. cit.

1886. *plumulosum* varr. *quinquefarium, Gerstenbergeri* et
silesiacum Röll, Zur System. der Torfm., in *Flora*. 1886.
» *Warnstorfii* varr. *pallens* et *pseudo-patulum* Röll, loc.
cit. (teste Warnstorf).
» *acutifolium* var. *quinquefarium* Card. Sph. d'Eur., in
Bull. de la Soc. royale de Bot. de Belg., t. XXV, part. I,
p. 84 (68).
» *quinquefarium* Warnst. Zwei Artentypen der Sph.
aus der Acutif.-Gruppe, in *Hedwigia*, 1886.

1887. *acutifolium* var. *quinquefarium* Card. Rév. des Sph.
de l'Am. du Nord, in *Bull. de la Soc. royale de Bot. de
Belg.*, t. XXVI, part. I, p. 53 (15).

1888. *quinquefarium* Warnst. Die Acutifoliumgruppe der
    europ. Torfm., in *Bot. Ver. der Prov. Brand.*, XXX, p. 109,
    pl. III, fig. 7ᵃ, 7ᵇ, pl. IV, fig. 18ᵃ, 18ᵇ, 18ᶜ, 18ᵈ, 19.
1890. *quinquefarium* Warnst. Contrib. to the knowl. of the
    N. Am. Sph., in *Bot. Gaz.*, XV, p. 189.
    » *quinquefarium* Jens. De danske Sph.-Art., in *Bot.
    Foren. Festskr.*, 1890, p. 88 (39), pl. 1, fig. 13.
1891. *quinquefarium* Venturi, Les Sph. europ., in *Rev. bryol.*
    1891, n° 2, p. 27.
1894. *quinquefarium* Russ. Zur Kenntniss, etc., pp. 147 et 164.
    »   —   Warnst. Characteristik und Uebers.,
    etc., in *Hedwigia*, 1894, p. 310.
(   ). *acutifolium* varr. *alpinum* et *pachycladum* Sendtn.
    (Ubi?) (teste Warnst. in *Bot. Ver. der Prov. Brand.*
    XXX, p. 109).

Distrib. — EUROPE. Assez répandu dans toute la zone
    moyenne et septentrionale : Iles-Britanniques, France,
    Belgique, Suisse, Allemagne, Bohême, Styrie, Galicie,
    Transylvanie, Russie, Finlande, Danemark. — AMÉ-
    RIQUE DU NORD. Terre-Neuve, Canada, Nouveau-
    Brunswick, New-Hampshire, New-York, Vermont,
    Connecticut, New-Jersey, Virginie, Caroline.

Variétés.

fusco-flavum *Warnst.* Europ. Torfm., n° 161.
Gerstenbergeri *Warnst.* in *Flora*, 1882 (sub *S. acutifolio*).
molle *Jens.* De danske Sph.-Art.
pallescens *Warnst.* Europ. Torfm., n°ˢ 69, 162 à 164, 387, 388. (Syn. :
    var. *pallens* Warnst. in *Hedwigia*, 1884, sub *S. acutifolio* ?)
pallens Warnst. — var. pallescens *Warnst.* ?
pallido-viride *Warnst.* Europ. Torfm., n° 386.
pseudo-patulum *Röll*, in *Flora*, 1886 (sub *S. Warnstorfii* Röll).
roseum *Warnst.* in *Bot. Ver. der Prov. Brand.*, XXX, p. 112.
silesiacum *Warnst.* in *Hedwigia*, 1884, n° 7-8 (sub *S. acutiformi*).
virescens Warnst. — var. viride *Warnst.*
viride *Warnst.* in *Bot. Ver. der Prov. Brand.*, XXX, p. 112. (Syn. :
    var. *virescens* Warnst. Europ. Torfm., n°ˢ 68, 70, 72).

R

155. recurviforme Warnst. (1895). — (*Cuspidata*).

1895. *recurviforme* Warnst. Beitr. zur Kenntn. exot. Sph.,
in *Allgem. bot. Zeitschr. für System.*, *Flor.*, *Pflanzengeogr.*, *etc.*, 1895, n° 6.

Distrib. — OCÉANIE. Iles Viti (Seemann ; herb. Brotherus).

156. recurvum (Pal. Beauv., 1805) Russ. et Warnst.
(1889). — (*Cuspidata*).

1795. *intermedium* Hoffm. Deutschl. Fl., II, p. 22, *excl. syn.
et var.* (teste Lindberg, Rev. crit., p. 31, n° 1712,
in obs.).

1805. *recurvum* Pal. Beauv. Prodr., p. 88, *emend.*

1806. *pentastichum* Brid. Sp. Musc. I, p. 16 (test. C. Müller
et Warnstorf).

1807. *acutifolium* var. *recurvum* Web. et Mohr, Bot. Tasch.,
p. 74.

1823. *acutifolium* var. *capillifolium* Ehrh. Bryol. germ. I,
p. 20.

  » *cuspidatum* α Nees et Hsch. Bryol. germ. I, p. 23.

1824. *cuspidatiforme* Breut. in *Bot. Zeit.*, 1824, p. 437 (teste
C. Müller, Syn. I, p. 96).

1826. *recurvum* Brid. Bryol. univ. I, p. 13.

1837. *albescens* Hüb. Deutschl. Leberm. fasc. 3, n° 73.

1849. *cuspidatum* C. Müll. Syn. I, p. 96.

  » *pulchricoma* C. Müll. loc. cit., p. 102.

1851. *flexuosum* Doz. et Molkb. in Prodr. Fl. Batav., p. 76
(teste Lindberg).

1854. *Mougeotii* Sch. apud Moug. et Nestl. Stirp. crypt.
vog.-rhen., n° 1306.

1855. *cuspidatum* et var. *recurvum* Wils. Bryol. brit., p. 21.

1858.   —   Sch. Hist. nat. der Sph., p. 67, pl. XVI
(*excl. omn. variet.*).

1858. *cuspidatum* Sch. Entw.-Gesch. der Torfm., p. 60,
   pl. XVI (*excl. omn. variet.*).

1859. *cuspidatum* Mitt. Musci Ind. or., p. 156, n°s 1290 et
   1291 (*S. rufulum* C. Müll.).

1862. *recurvum* Lindb. Torfm. byggn., p. 136, *ex parte.*

1865. *cuspidatum forma typica* et var. *recurvum* Russ. Beitr.
   zur Kenntn. der Torfm., p. 56.

   » *cuspidatum* var. *mollissimum* Russ. loc. cit., p. 61.

   » *longifolium* Sch. apud Mandon,
   Pl. And. boliv., n° 1602.   (teste Warnst. in

   » *subcuspidatum* Sch. loc. cit.,   *Hedwigia*, 1890,
   n° 1604, *ex parte.*   pp. 182 et 234).

1871. *intermedium* Lindb. Rev. crit., p. 31, n° 1712, in obs.

1872. *cuspidatum* var. *Mougeotii* Boul. Fl. crypt. de l'Est,
   p. 718.

   » *curvifolium* Hunt, in herb.

1873. *cuspidatum* var. *uplandense* Jaeger, Adumbr. Fl.
   Musc., vol. I.

1874. *rufulum* C. Müll. in *Linnaea*, 1874, p. 548 (teste
   Warnst. in *Hedwigia*, 1890, pp. 226 et 234.

1876. *recurvum* Sch. Syn. Musc. europ. ed. 2, p. 830 (excl.
   syn. *S. riparium* Angstr.).

   » *laricinum* Sch. loc. cit., p. 845 (specim. e Loch
   Kandor).

1877. *obtusum* Warnst. in *Bot. Zeit.*, 1877, p. 478, *ex parte.*

1880. *intermedium* Braithw. The Sphagn., p. 78, pl. XXIV
   et XXV (excl. var. *riparium*).

   » *cuspidatum* var. *brevifolium* Lindb. apud Braithw.
   loc. cit., p. 84, pl. XXVII, fig. δ.

   » *fallax* Klingg. Topogr. Fl. Westpr., p. 128.

1881. *variabile* var. 1 *intermedium* Warnst. Die europ.
   Torfm., p. 60 (excl. α *speciosum*).

1882. *intermedium* Husnot, Sphagnol. europ., p. 14 (excl.
   varr. *riparium* et *speciosum*).

   » *cuspidatum* var. *brevifolium* Husnot, loc. cit., p. 15.

1882. *cuspidatum* A *intermedium* Lindb. Eur. och N. Am. hvitmoss., p. 68.

»   *variabile* subsp. *intermedium* Warnst. in *Flora*, 1882, p. 550.

»   *variabile* var. *cuspidatum* f. *strictum* Warnst. in *Flora*, 1882, n° 29 (teste Warnst. in *Bot. Ver. der Prov. Brand.*, XXXII, p. 222).

1883. *cuspidatum* subsp. *intermedium* Jens. in *Bot. Tidsskr.*, 13, p. 201.

1884. *intermedium* Lesq. et Jam. Man. of the Moss. of N. Am., p. 15.

»   *recurvum* Warnst. Sphagnol. Rückbl., in *Flora*, 1884 (excl. varr. *obtusum* et *pseudo-Lindbergii*).

1886. *recurvum* Limpr. Laubm. I, p. 131 (excl. var. *obtusum*).

»   — Röll, Zur System. der Torfm., in *Flora*, 1886 (*saltem pro maxima parte*).

»   *Limprichtii* var. *parvifolium* Röll, loc. cit.

»   *intermedium* Röll, loc. cit. (*saltem ex parte*).

»   *cuspidatum* Röll, loc. cit. *ex parte*.

»   *recurvum* (*species primaria*) Card. Sph. d'Eur. in *Bull. de la Soc. royale de Bot. de Belg.*, t. XXV, part. I, p. 94 (78) (excl. varr. *porosum* et *riparium*).

1887. *cuspidatum* subsp. 1 *intermedium* Dusén, On Sphagn. Utbredn. Skand., pp. 38 et 98 (excl. syn. *S. obtusum* Warnst., *saltem ex parte*).

»   *recurvum* (*species primaria*) Card. Rév. des Sph. de l'Am. du Nord, in *Bull. de la Soc. royale de Bot. de Belg.*, t. XXVI, part. I, p. 54 (16) (excl. var. *robustum*).

»   *subpulchricoma* C. Müll. Sph. nov. descrip., in *Flora*, 1887, p. 415 (teste Warnst. in litt.).

1888. *balticum* Russ. in litt.

»   *amblyphyllum* Russ. in litt.

1889. *recurvum* Russ. et Warnst. in *Sitzungsber. der Dorpat. Naturforsch.-Ges.*, 1889, p. 99 (*species primaria et subspecies*).

1889. *brevifolium* Röll, in *Bot. Centralbl.*, 1889, n° 37-38.

» *pseudo-recurvum* Röll, loc. cit.

\\ *(saltem pro maxima parte)* . Cfr . Warnst. in *Bot. Ver. der Prov. Brand.* XXXII, p. 181.

» *Serrae* C. Müll. in litt. (test. Warnst. in *Bot. Ver. der Prov. Brand.*, XXXII, pp. 213 et 216 et in *Hedwigia*, 1890, p. 235).

1890. *recurvum* Warnst. Die Cuspidatumgruppe der europ. Sph., in *Bot. Ver. der Prov. Brand.*, XXXII, p. 213, pl. I, fig. 35 à 46, pl. II, fig. σ à s.

» *recurvum* Warnst. Contrib. to the knowl. of the N. Am. Sph., in *Bot. Gaz.*, XV, p. 218.

» *recurvum* Jens. De danske Sph.-Art., in *Bot. Foren. Festskr.*, 1890, pp. 101 à 104 (52 à 55), pl. 2, fig. 22, 22^a, 22^b, pl. 4, fig. 42, pl. 5, fig. 22^a, 22^b. (Species primaria et subsp. *S. amblyphyllum* Russ. et *S. angustifolium* Jens.)

» *balticum* Jens. loc. cit., p. 100 (51), pl. 2, fig. 20, pl. 4, fig. 41.

1891. *recurvum* Venturi, Les Sph. europ., in *Rev. bryol.*, 1891, n° 5, p. 78.

1894. *recurvum* a. *mucronatum*, b. *amblyphyllum*, c. *angustifolium*, d. *balticum* Russ., Zur Kenntniss, etc., pp. 153 à 156 et 166.

» *recurvum* Warnst. Characteristik und Uebers., etc., in *Hedwigia*, 1894, p. 317.

(   ). *caldensi-recurvum* C. Müll. in litt. (teste Warnst. in litt. 1895).

» *cuspidatum* var. *Rauei* Aust. apud Rau et Harv. Cat., p. 49 (test. Lesq. et Jam. Man. of the Moss. of N. Am., p. 15).

» *dubium* Wils. in herb. (teste Braithw. The Sphagn., p. 79).

J. C.   10

1894. *natans* Sendtn. mss. in herb. Flotow (teste Warnst., in *Flora*, 1883, n° 24).

» *squarrosum* Hsch. in Fl. brasil. fasc. I, p. 4 (*S. pulchricoma*, teste C. Müller, Syn. I, p. 102).

Distrib. — EUROPE. Commun dans les plaines et les montagnes de l'Europe moyenne et septentrionale ; s'élève dans le Tyrol jusqu'à 1900 m. Descend au Sud jusqu'en Italie : Etrurie et Vénétie. C'est l'une des espèces les plus répandues. — ASIE. Sibérie : vallées de l'Obi et de l'Iéniséi (Arnell) ; Altaï (Politor et Gabler) ; île Sagchalin (Schmidt, teste Lindberg) ; Japon, Nippon nord (Fauric ; teste Bescherelle, Nouv. doc. pour la Fl. bryol. du Japon) ; Sikkim, circa 2800-3100 m. (J. D. Hooker, n°s 1290, 1291, Kurz ; *S. rufulum* C. Müll.[1]) ; Caucase : Svanic, entre les fleuves Neuskra et Seken, 2100-2200 m. (Dr Levier). — AMÉRIQUE DU NORD. Répandu à l'Est depuis Terre-Neuve, Miquelon, le Labrador et le Canada jusqu'en Louisiane et en Floride ; signalé à l'ouest dans le Washington (Röll). — AMÉRIQUE DU SUD. Andes de Colombie ; Andes de Bolivie, près de San-Baldomero (Mandon, 1861 ; n° 1602, *S. longifolium* Sch. ; n° 1604 *ex parte*, *S. subcuspidatum* Sch.[1]) ; Colombie : Cauca (Lehmann) ; Brésil (*S. pulchricoma*[1], *subpulchricoma*, *Serrae*[1], *caldensi-recurvum* C. Müll.) ; détroit de Magellan (*S. pulchricoma* C. Müll.)[2]. — OCÉANIE. Nouvelle-Zélande : Auckland (Kirk).

Variétés.

ambiguum *Schlieph.* apud Warnst. in *Flora*, 1884.
amblyphyllum *Warnst.* in *Bot. Ver. der Prov. Brand.*, XXXII,

---

1. Au sujet des *S. rufulum, longifolium, subcuspidatum, pulchricoma* et *Serrae*, voir Warnst. Beitr. zur Kenntn. exot. Sph., in *Hedwigia*, 1890, pp. 234, 235.

2. Sullivant (*Musci Exped. Wilkes*, p. 2), indique aussi au Brésil (Organ Mountains), le *S. cuspidatum* var. *recurvum* ; il s'agit probablement du *S. pulchricoma* C. Müll.

p. 216. (Syn. : *S. amblyphyllum* Russ. in litt. ; *S. pulchricoma*
C. Müll. Syn. I, p. 102 ; *S. rufulum* C. Müll. in *Linnaea*, 1874,
p. 548 ; *S. Serrae* C. Müll. in litt. — Teste Warnstorf). [1]

angustifolium *Jens.* in litt. 1884 (sub *S. intermedio*). (Cfr. var. *parvifolium*).

brevifolium Lindb. (sub *S. cuspidato*). — var. mollissimum (*Russ.*)
Warnst.

Broeckii Card. — var. squamosum Angstr. (Cfr. var. *parvifolium*).

capitatum *Grav.* (Ubi ?). (Cfr. var. *parvifolium*).

compactum *Warnst.* in litt. (Cfr. var. *mollissimum*).

deflexum *Grav.* apud Warnst. in *Hedwigia*, 1884. (Cfr. varr. *mucronatum et amblyphyllum*).

dimorphum *Schlieph.* apud Röll, in *Irmischia*, 1884.

elegans *Grav.* (Ubi ?). (Cfr. var. *mucronatum*).

erectum *Warnst.* in litt. (Cfr. var. *mollissimum*).

falcatum *Schlieph.* apud Warnst. in *Flora*, 1884.

fallax *Warnst.* in *Hedwigia*, 1884. (Cfr. var. *mucronatum*).

fibrosum *Schlieph.* apud Warnst. in *Hedwigia*, 1884. (Cfr. var. *parvifolium*).

flagellare *Röll*, in *Flora*, 1886,

fuscescens *Jens.* De danske Sph.-Art.

gracile Grav. — var. squamosum *Angstr.* (Cfr. var. *parvifolium*).

gracile *Jens.* De danske Sph.-Art. (Cfr. var. *amblyphyllum*).

humile *Schlieph. et Röll*, apud Röll, in *Flora*, 1886.

imbricatum *Russ.* (Ubi ?). (Cfr. var. *parvifolium*).

immersum *Schlieph.* et *Warnst.* apud Warnst., in *Hedwigia*, 1884 [2].
(Cfr. var. *amblyphyllum*).

indianense *Röll*, in *Bot. Centralbl.*, 1891, n° 21-22.

lanceolatum *Russ.* (Ubi ?). (Cfr. var. *parvifolium*).

laxum *Schlieph.* apud Röll, in *Flora*, 1886.

Limprichtii *Schlieph.* apud Röll, in *Irmischia*, 1884 (nomen).
Warnst. in *Hedwigia*, 1884, n° 7-8.

---

1. Cette var. comprend aussi, d'après M. Warnstorf (*Bot. Ver. der
Prov. Brand.*, XXXII, p. 217), les formes suivantes :

var. majus f. vulgaris *Grav.*   var. squarrosulum *Röll.*
      — f. pallens *Grav.*   var. gracile *Jens.*
var. deflexum f. pallida *Grav.*
var. immersum *Schlieph.* et
      Warnst.

2. Limpricht (Laubm. I, p. 134), rapporte cette variété au *S. riparium* Angstr.

longifolium *Warnst.* in *Flora*, 1882, n° 13 (ut *S. variabile* var. *intermedium δ longifolium*). An huc pertin. ?

majus *Angstr.* (Ubi ?). (Cfr. varr. *amblyphyllum* et *parvifolium*).

mollissimum *Russ.* Beitr. zur Kenntn. der Torfm., p. 64 (sub *S. cuspidato*). [1]

molluscum *Röll*, in *Flora*, 1886 (sub *S. intermedio*).

mucronatum *Warnst.* in *Bot. Ver. der Prov. Brand.*, XXXII, p. 217. [2]

nigrescens *Warnst.* in *Flora*, 1882, n° 35.

oxycladum *Card.* Sph. d'Eur.

pallescens *Jens.* De danske Sph.-Art.

parvifolium *Sendtn.* mss. in herb. Flotow ; *Warnst.* in *Flora*, 1883, n° 24. [3]

patens *Angstr.* (Ubi ?).

pendulum *Grav.* (Ubi ?). (Cfr. var. *mucronatum*).

pseudosquamosum *Röll*, in *Flora*, 1886.

pulchrum *Lindb.* apud Braithw. The Sphagn., p. 81. (Syn. : var. *quinquefarium* Warnst. in litt.).

quinquefarium Warnst. — var. pulchrum *Lindb.*

rigidulum *Röll*, in *Hedwigia*, 1893, Hft. 4. (An seq. ?).

rigidum *Schlieph.* et *Röll* (Ubi ?). (Cfr. var. *mucronatum*).

Roellii *Schlieph.* apud Röll, in *Flora*, 1886. (Cfr. var. *parvifolium*).

1. Comprend, d'après M. Warnstorf (*Bot. Ver. der Prov. Brand.* XXXII), les formes suivantes :

var. compactum *Warnst.*   var. strictum (*Angstr.*) *Warnst.*
var. erectum *Warnst.*

2. Comprend, d'après M. Warnstorf (*loc. cit.*), les formes suivantes :

var. deflexum *Grav.*   var. pendulum *Grav.*
var. elegans (*Grav.*).   var. rigidum *Schlieph.* et *Röll.*
var. fallax *Warnst.*   var. teres *Röll.*

3. Comprend, d'après M. Warnstorf (loc. cit.), les formes suivantes :

var. angustifolium *Jens.*   var. majus f. tenella *Grav.*
var. Broeckii *Card.*   var. Roellii *Schlieph.*
var. capitatum *Grav.*   var. rubello-fulvum *Russ.*
var. fibrosum *Schlieph.*   var. squamosum *Angstr.*
var. gracile *Grav.*   var. tenue *Klingg.*
var. imbricatum *Russ.*   var. Warnstorfii *Jens.*
var. lanceolatum *Russ.*

rubello-fulvum *Russ.* in litt. (Cfr. var. *parvifolium*).

rubricaule *Card.* Sph. d'Eur.

semi-undulatum *Warnst.* Europ. Torfm., nᵒˢ 92-94.

squamosum *Angstr.* apud Warnst. Die europ. Torfm., p. 67. (Syn. :
   var. *gracile* Grav. apud Warnst. loc. cit. ; var. *Brocchii* Card.
   in *Rev. bryol.*, 1884, nᵒ 4, p. 56). (Cfr. var. *parvifolium*).

squarrosulum *Röll*, in *Flora*, 1886. (Cfr. var. *amblyphyllum*).

strictiforme *Röll*, loc. cit.

strictum *Angstr.* (Ubi?); Warnst. in *Flora*, 1882 (sub *S. variabili-
   cuspidato*). (Cfr. var. *mollissimum*).

subfibrosum *Röll*, in *Flora*, 1886.

tenue *Klingg.* Beschr. der in Pr. gef. Art. und Var. der Gatt. Sph.,
   p. 5. (Cfr. var. *parvifolium*).

teres *Röll*, in *Flora*, 1886. (Cfr. var. *mucronatum*).

undulatum *Warnst.* Europ Torfm., nᵒˢ 89-91.

viride *Jens.* De danske Sph.-Art.

Warnstorfii *Jens.* apud Warnst. in *Hedwigia*, 1884. (Cfr. var. *parvifolium*).

Winteri *Warnst.* in *Hedwigia*, 1884 (= forme à développement
   incomplet; teste Warnst. in *Bot. Ver. der Prov. Brand.*, XXXII,
   p. 184).

recurvum Pal. Beauv. (1805)
   et Auct.
{ Dusenii *Jens.*
  obtusum (*Warnst.*) *Russ.*
  recurvum (*Pal. Beauv.*) *Russ.*
     et Warnst.
  riparium *Angstr.*

recurvum subsp.
{ *amblyphyllum* Russ. (1889). — recurvum
     (*Pal. Beauv.*) *Russ. et Warnst.* var.
     amblyphyllum *Warnst.*
  angustifolium Russ. (1889). — recurvum
     (*Pal. Beauv.*) *Russ. et Warnst.* var.
     parvifolium *Warnst.*
  balticum Russ. (1889). — recurvum (*Pal.
     Beauv.*) *Russ. et Warnst.* var. mollis-
     simum *Russ.*
  cuspidatum Card. (1886). — cuspidatum
     Ehrh.

recurvum subsp.

  cuspidatum var.

    majus Card. (1886) — cuspidatum *Ehrh.* var. Torreya-num *Braithw.* — Dusenii *Jens.*

    mendocinum Card. (1887). — mendocinum *Sulliv. et Lesq.*

  mucronatum Russ. (1889). — recurvum (*Pal. Beauv.*) *Russ. et Warnst.* var. mucronatum *Warnst.*

recurvum * *cuspidatum* Hartm. (1864). — cuspidatum *Ehrh.*

recurvum var.

  obtusum Limpr. (1886) — Dusenii *Jens.* — obtusum *Warnst.*

  porosum Schlieph. et Warnst. (1884). — Dusenii *Jens.*

  pseudo-Lindbergii Warnst. (1884). — obtusum (*Warnst.*) *Russ.* var. pseudo-Lindbergii *Warnst.*

  riparium Hartm. (1871). — riparium *Angstr.*

  robustum

    Hartm. (1864). — riparium *Angstr.*

    Limpr. ( ). (Syn. : var. *obtusum* Limpr.) — Dusenii *Jens.* — obtusum *Warnst.*

  speciosum Warnst. (1883). — riparium *Angstr.* (verisimiliter).

  spectabile Schlieph. (1882). — riparium *Angstr.*

157. **Rehmanni** Warnst. (1891). — (*Subsecunda*).

( ). *oligodon* Rehm. Musci austro-afric., n° 431 (non n° 14).

1891. *Rehmanni* Warnst. Beitr. zur Kenntn. exot. Sph.,
in *Hedwigia*, 1891, p. 16, pl. I, fig. 2ª, 2ᵇ, pl. IV, fig. b.

Distrib. — AFRIQUE AUSTRALE. Transvaal : mt Kwatlamba
(Mac Lea); Natal (Guenzius; herb. Mitten). Mada-
gascar : Ambohimatsara, près Ambositra, Betsileo (rev.
Berthieu; herb. Renauld et Cardot).

158. **Reichardtii** Hpe (1870). — (*Acutifolia*).

1870. *Reichardtii* Hpe, apud Reichdt., Novara Exped., Bot.,
p. 166 (*nomen solum*).

1890. *Reichardtii* Warnst. Beitr. zur Kenntn. exot. Sph.,
in *Hedwigia*, 1890, p. 206, pl. V, fig. 17ª, 17ᵇ, pl. VI,
fig. 1, 2, 3.

(   ). *acutifolium* Mitt. in Fl. vit., p. 404 (test. Hampe et
Warnstorf).

Distrib. — OCÉAN INDIEN. Ile Saint-Paul (Novara Exped. ;
G. de l'Isle). — OCÉANIE. Iles Viti.

rigidiforme Warnst. (   ). — Pappeanum *C. Müll.*

159. **rigidulum** Warnst. (1890). — (*Rigida*).

1890. *rigidulum* Warnst. Beitr. zur Kenntn. exot. Sph., in
Hedwigia, 1890, p. 241, pl. XI, fig. 3, 4, pl. XIV, fig. h.

Distrib. — OCÉANIE. Iles Hawaï, vers 1800-1900 m. (Bald-
win ; herb. Mitten).

160. **rigidum** Sch. (1858). — (*Rigida*).

1800. *intermedium* var. *compactum* Roth, Tent. Fl. germ. III,
p. 120 (teste Limpr. Laubm. I, p. 117).

1804. *condensatum* Schleich. Pl. crypt. helv., cent. 2, nº 5.

1805. *compactum* De Cand. Fl. franç. ed. 3, II, p. 443 (teste
Lindberg). (*Tantum ex parte ?*)[1]

---

1. La plupart des anciens auteurs paraissent avoir confondu sous
le nom de *S. compactum* l'espèce qui a été nommée postérieurement par Schimper *S. rigidum* et des formes denses des *S. cymbifolium* et *medium*. C'est, en somme, Schimper qui, le premier, a
nettement précisé les caractères de cette espèce ; c'est pourquoi il
me semble sage et équitable de conserver sa dénomination.

1806. *compactum* Brid. Sp. Musc. I, p. 18 (*ex parte ?*).
1807. *obtusifolium* var. *condensatum* Web. et Mohr, Bot. Tasch., p. 73.
» *condensatum* Schleich. Cat. Pl. helv. ed. 2, p. 30.
1810. *helveticum* Schkuhr, Deutsch. Moos., p. 12.
1818. *obtusifolium* var. *minus* Hook. et Tayl. Musc. Brit., p. 3.
1819. *cymbifolium* var. *compactum* Schultz, Prodr. Fl. Starg. Suppl., p. 64.
1821. *praemorsum* Zenk. et Dietr. Musc. Thuring., n° 18.
1823. *compactum* var. *rigidum* Nees et Hsch. Bryol. germ. I, p. 14.
» *immersum* Nees et Hsch. loc. cit., p. 11.
1826. *tristichum* Schultz, in *Flora*, 1826 (teste Limpr. Laubm. I, p. 117).
» *compactum* Brid. Bryol. univ. I, p. 16 (*ex parte ?*).
» — var. *praemorsum* Brid. loc. cit., p. 17.
1827. *latifolium* var. *compactum* Spreng. Syst. veg. 16 ed., IV, p. 1.
1833. *ambiguum* Hüb. Musc. germ., p. 25.
1838-1843. *cymbifolium* var. *compactum* Hartm. Skand. Fl. ed. 3 et 4.
1846. *strictum* Sulliv. Musc. Allegh., p. 49, n° 201.
1849. *compactum* C. Müll. Syn. I, p. 98.
» *strictum* C. Müll. loc. cit., p. 104.
1849-1854. *cymbifolium* * *compactum* Hartm. Skand. Fl., ed. 5 et 6.
1858. *rigidum* Sch. Hist. nat. des Sph., p. 72, pl. XVIII.
» — Sch. Entw.-Gesch. der Torfm., p. 65, pl. XVIII.
1865. *rigidum* Russ. Beitr. zur Kenntn. der Torfm., p. 77.
1876. — Sch. Syn. Musc. europ. ed. 2, p. 839.
1880. — Braithw. The Sphagn., p. 56, pl. XIII.
1881. — Warnst. Die europ. Torfm., p. 96.
1882. — Husnot, Sphagnol. europ., p. 6 (excl. syn. *S. cyclophyllum* Sulliv. et Lesq.).

1882. *compactum* Lindb. Eur. och N. Am. hvitmoss., p. 37.

1884. *rigidum* Lesq. et Jam. Man. of the Moss. of N. Am.,
p. 17.

» *rigidum* Warnst. Sphagnol. Rückbl., in *Flora*, 1884.

1885. *compactum* Limpr. Laubm. I, p. 117.

1886. *rigidum* Röll, Zur System. der Torfm., in *Flora*, 1886.

» — Card. Sph. d'Eur., in *Bull. de la Soc. royale
de Bot. de Belg.*, t. XXV, part. I, p. 57 (41).

1887. *compactum* Dusén, On Sphagn. Utbredn. Skand.,
pp. 11 et 65.

» *rigidum* Card. Rév. des Sph. de l'Am. du Nord., in
Bull. de la Soc. royale de Bot. de Belg., t. XXVI, part. I,
p. 47 (9); (excl. syn. *S. humile* Sch.).

1890. *compactum* Warnst. Contrib. to the knowl. of the N.
Am. Sph., in *Bot. Gaz.*, XV, p. 226 (excl. syn. *S. Garberi*
Lesq. et Jam.).

» *compactum* Jens. De danske Sph.-Art., in *Bot. Foren.
Festskr.*, 1890, p. 81 (32), pl. 1, fig. 8, pl. 3, fig. 35
et 40.

1894. *compactum* Russ. Zur Kenntniss, etc., pp. 158 et 167.

» — Warnst. Characteristik und Uebers., etc.,
in *Hedwigia*, 1894, p. 319.

( ). *palustre* var. *compactum* Sendtn. in herb. (teste
Warnst. in *Hedwigia*, 1888, p. 275).

Distrib. — EUROPE. Assez commun dans toute la zone
moyenne et septentrionale, depuis [l'Italie jusqu'en
Laponie et en Islande. — ASIE. Sibérie : vallées de
l'Obi et de l'Iéniséi (Arnell). — AFRIQUE. Madère (teste
Warnst. in *Hedwigia*, 1890, p. 183); Açores : San-
Miguel (Godman; teste Mitten apud Godman, *Nat. Hist.
of the Azores*, p. 316). — AMÉRIQUE DU NORD. Paraît
assez répandu sur le versant atlantique, depuis le
Labrador, le Canada et l'île Miquelon jusque dans
l'Alabama et la Floride. Existe aussi en Californie et
à l'île Vancouver.

Variétés.

brachycladum *Röll*, in *Flora*, 1886.

bryoides Sendtn. mss. in herb. Flotow. — Forma juvenilis. (Cfr. Warnst., in *Flora*, 1883, n° 24 et in *Hedwigia*, 1888, p. 275).

compactum *Sch.* Hist. nat. des Sph., p. 73.

cymbifolioides *Jens.* De danske Sph.-Art. (sub *S. compacto*).

cyclophyllum Husnot, Sphagnol. europ., p. 6. — Forma juvenilis.

fuscum *Jens.* De danske Sph.-Art. (sub *S. compacto*).

gracile *Schlieph. et Röll*, apud Röll, in *Flora*, 1886.

imbricatum *Warnst.* in *Bot. Gaz.*, XV, p. 226 (sub *S. compacto*).

laxifolium Warnst. — var. submersum *Limpr.*

robustum *C. Müll.* Syn. I, p. 29 (sub. *S. compacto*).

squarrosum *Russ.* Beitr. zur Kenntn. der Torfm., p. 77.

submersum *Limpr.* in *Bot. Centralbl.*, 1881. (Syn. : var. *laxifolium* Warnst. in *Flora*, 1883, n° 24).

subsquarrosum *Warnst.* in *Hedwigia*, 1888, p. 271 (sub *S. compacto*).

viride *Jens.* De danske Sph.-Art. (sub *S. compacto*).

rigidum var. *humile* Aust. ( ). { Garberi *Lesq. et Jam.*
{ molle *Sulliv.*

161. **riparium** Angstr. (1864). — (*Cuspidata*).

1864. *riparium* Angstr. in *Oefvers. Vet. Ak.*, 21, p. 198.

  »   *recurvum* var. *robustum* Hartm. Skand. Fl., ed. 9, p. 83 (teste Dusén).

1865. *cuspidatum* var. *speciosum* Russ. Beitr. zur Kenntn. der Torfm., p. 57.

1871. *recurvum* var. *riparium* Hartm. Skand. Fl. ed. 10, p. 126.

1872. *speciosum* Klingg. Beschr. der in Preuss. gef. Art. und Var. der Gatt. Sph., in *Schrft. d. phys.-ök. Ges. Königsb.*, 1872, p. 5.

1876. *spectabile* Sch. Syn. Musc. europ. ed. 2, p. 834.

  »   *cuspidatum* b *riparium* Limpr. apud Cohn, Krypt. Fl. Schles. I, p. 224 (excl. syn. var. *majus* Russ.).

1879. *intermedium* subsp. *riparium* Lindb. Musc. Scand., p. 12.

1880. *intermedium* var. *riparium* Braithw. The Sphagn.,
   p. 80, *ex parte*.

1881. *variabile* var. 1 *intermedium* α *speciosum* Warnst. Die
   europ. Torfm., p. 62, *ex parte*.

1882. *intermedium* varr. *riparium* et *speciosum* Husnot,
   Sphagnol. europ., p. 14.

   » *cuspidatum* B *riparium* Lindb. Eur. och N. Am.
   hvitmoss., p. 69.

   » *recurvum* var. *spectabile* Schlieph. in *Irmischia*, 1882,
   pp. 66-67.

1883. *variabile* subsp. *intermedium* var. *speciosum* Warnst.
   Sphagnoth. europ., n° 108.

   » *recurvum* var. *speciosum* Warnst. in *Flora*, 1883,
   p. 373 (*verisimiliter*).

1884. *riparium* Warnst. Sphagnol. Rückbl., in *Flora*, 1884.

1886. — Limpr. Laubm. I, p. 133 (excl. syn. var.
   majus Russ.).

   » *riparium* Röll, Zur System. der Torfm., in *Flora*,
   1886.

   » *recurvum* var. *riparium* Card. Sph. d'Eur., in *Bull.
   de la Soc. royale de Bot. de Belg.* t. XXV, part. I,
   p. 98 (82).

1887. *riparium* Dusén, On Sphagn. Utbredn. Skand.,
   pp. 34 et 94.

1889. *riparium* Russ., in *Sitzungsber. der Dorpat. Naturforsch.-Ges.*, 1889, pp. 100 et seq.

1890. *riparium* Warnst. Die Cuspidatumgruppe der europ.
   Sphagna, in *Bot. Ver. der Prov. Brand.*, XXXII, p. 203,
   pl. I, fig. 7-12, pl. II, fig b-e.

   » *riparium* Warnst. Contrib. to the knowl. of the N.
   Am. Sph., in *Bot. Gaz.*, XV, p. 217.

   » *riparium* Jens. De danske Sph.-Art., in *Bot. Foren.
   Festskr.*, 1890, p. 108 (59), pl. 2, fig. 25.

1891. *riparium* Venturi, Les Sph. europ., in *Rev. bryol.*,
   1891, n° 4, p. 63.

1893. *Kihlmani* Bomanson, in litt. (teste Warnst. Europ. Torfm., n° 349).

1894. *riparium* Russ. Zur Kenntniss, etc., pp. 150 et 165.

»   —   Warnst. Characteristik und Uebers., etc., in *Hedwigia*, 1894, p. 316.

(   ). *capillifolium* var. *cirrosum* Sendtn. mss. in herb. Flotow (teste Warnst. in *Flora*, 1883, n° 24).

»   *cuspidatum* var. *capillifolium* Nees et Hsch., in herb. Sendtner (teste Warnst. in *Hedwigia*, 1888, p. 274).

Distrib. — EUROPE. Zones moyenne et septentrionale, rare : Autriche, Allemagne, Russie, Finlande, Laponie, Scandinavie, Danemark et probablement aussi dans les Iles-Britanniques; France : Meuse, environs de Verdun (Panau; fide Warnstorf); Vosges : le Lispach (herb. Mus. Paris; fide Camus); Spitzberg (Berggren). — ASIE. Sibérie : vallée de l'Iéniséi (Arnell). — AMÉRIQUE DU NORD. Groënland : Neuherrenhut (Spindler); Canada, New-Hampshire, New-Jersey; Alaska, Kotzbue Sound (Seemann), île Saint-George.

Variétés.

apricum *Angstr.* in *Oefvers. Vet. Ak.*, 1864.

aquaticum *Russ.* (Ubi ?).

arcuatum *Russ.* apud Jens. De danske Sph.-Art.

coryphaeum *Russ.* apud Warnst. in *Bot. Ver. der Prov. Brand.* XXXII, p. 196.

Dusenii Schlieph. — var. teres *Russ.*

fluitans *Russ.* apud Warnst. Europ. Torfm., n° 357.

molle *Russ.* apud Warnst. loc. cit., n° 358.

silvaticum *Angstr.* in *Oefvers. Vet. Ak.*, 1864.

speciosum *Russ.* apud Warnst. in *Bot. Ver. der Prov. Brand.* XXXII, p. 196.

squarrosulum *Jens.* Cat. pl. Soc. bot. Copenh., p. 23.

stenophyllum *Russ.* apud Jens. De danske Sph.-Art., et Warnst. Europ. Torfm., n° 267.

teres *Russ.* apud Warnst. in *Bot. Ver. der Prov. Brand.*, XXXII, p. 196. (Syn. : var. *Dusenii* Schlieph. in litt. 1886).

riparium ** *fallax* Sanio (1879). — Dusenii *Jens.*

162. rivulare Warnst. (1896). — (*Subsecunda*).

1896. *rivulare* Warnst. in litt.

Distrib. — AMÉRIQUE DU SUD. Brésil.

rivulare Angstr. (   ). — obtusum *Warnst.*

163. robustum Röll (1886) *extens.* — (*Acutifolia*).

1865. *acutifolium* var. *robustum* Russ. Beitr. zur Kenntn.
der Torfm., p. 39.

1869. *acutifolium* var. *roseum* Limpr. apud Milde, Bryol.
sil., p. 382.

1881. *acutifolium* var. *roseum* Warnst. Die europ. Torfm.,
p. 42.

» *acutifolium* var. *fallax* Warnst. loc. cit., *ex parte.*

1882.   —   var. *polyphyllum* Warnst. in *Flora*, 1882,
p. 206.

1883. *acutifolium* varr. *decipiens* et *flagelliforme* Grav. in litt.

»   —   var. *strictiforme* Warnst. in *Flora*, 1883,
p. 373.

1884. *acutiforme* var. *auriculatum* Schlieph. et Warnst. in
Hedwigia, 1884.

» *acutiforme* varr. *robustum, auriculatum, roseum* et
fallax Warnst. Sphagnol. Rückbl., in *Flora*, 1884.

» *acutiforme* var. *elegans* Schlieph. in litt. (teste Warnst.
in *Bot Ver. der Prov. Brand.*, XXX, p. 98).

1885. *Girgensohnii* var. *roseum* Limpr. Laubm. I, p. 109.

» *acutifolium* var. *robustum* Limpr. loc. cit., p. 113.

» *Girgensohnii* var. *majus* Röll, in litt. (teste Warnst.
in *Bot. Ver. der Prov. Brand.*, XXX, p. 98).

1886. *Wilsoni* var. *roseum* Röll, Zur System. der Torfm.,
in *Flora*, 1886.

» *Warnstorfii* varr. *auriculatum , strictiforme , polyphyllum, fallax* ex parte, *strictum* et *fimbriatum* Röll,
System. der Torfm., in *Flora*, 1886.

» *robustum* Röll, loc. cit.

1886. *Warnstorfii* varr. *pseudo-strictiforme* et *tenellum* Röll, in litt. (teste Warnst. in *Bot. Ver. der Prov. Brand.* XXX, p. 99).

»   *acutifolium* varr. *auriculatum, fallax* et *robustum* Card. Sph. d'Eur., in *Bull. de la Soc. royale de Bot. de Belg.*, t. XXV, part. I, pp. 87 et 89 (71 et 73).

»   *Russowii* Warnst. Zwei Artentypen der Sph. aus der Acutifoliumgruppe, in *Hedwigia*, 1886, p. 225. [1]

1887. *nemoreum* Dusén, On Sphagn. Utbredn. Skand., p. 30, *ex parte*.

»   *Russowii* Russ. in *Sitzungsber. der Dorpat. Natur-forsch.-Ges.*, 1887, p. 324.

»   *acutifolium* var. *robustum* Card. Rév. des Sph. de l'Am. du Nord, in *Bull. de la Soc. royale de Bot. de Belg.*, t. XXVI, part. I, p. 53 (15).

1888. *Russowii* Warnst. Die Acutifoliumgruppe der europ. Torfm., in *Bot. Ver. der Prov. Brand.*, XXX, p. 98, pl. III, fig. 3ᵃ, 3ᵇ, pl. IV, fig. 3, 9 et 10.

»   *Russowii* Röll, in *Bot. Centralbl.*, 1888, n° 23-26.

1890.   —   Warnst. Contrib. to the knowl. of the N. Am. Sph., in *Bot. Gaz.*, XV, p. 130.

»   *Russowii* Jens. De danske Sph.-Art., in *Bot. Foren. Festskr.*, 1890, p. 92 (43), pl. 2, fig. 17, pl. 3, fig. 38 et 39.

1891. *Russowii* Venturi, Les Sph. europ., in *Rev. bryol.*, 1891, n° 2, p. 23.

1894. *Russowii* Russ. Zur Kenntniss, etc., pp. 144 et 162.

»   —   Warnst. Characteristik und Uebers., etc., in *Hedwigia*, 1894, p. 308.

---

1. Peu de temps avant la création du *S. Russowii* par M. Warnstorf, M. Röll avait élevé au rang d'espèce la var. *robustum* Russ., en lui conservant ce nom, conformément à l'art. 58 du Congrès international de botanique de 1867. Le nom de *S. robustum* Röll, authentiquement antérieur à celui proposé par M. Warnstorf et surtout plus conforme aux lois de la nomenclature, me paraît devoir lui être préféré. M. Röll a eu tort d'abandonner ultérieurement ce nom pour celui de *S. Russowii* (*Bot. Centralbl.* 1888, n° 23-26).

(   ). *acutifolium* var. *subfimbriatum* Braithw. Sph. brit. exsicc., n° 42[b] (verisimiliter).

Distrib. — EUROPE. Zones moyenne et septentrionale : Laponie, Russie, Allemagne, Danemark, Carinthie, Tatra, Suisse, France, Belgique, Iles-Britanniques. Même distribution que le *S. Girgensohnii*; se rencontre surtout dans les régions montagneuses et s'élève jusqu'à 2000 m. dans les Alpes de Carinthie. — AMÉRIQUE DU NORD. Labrador, Terre-Neuve, Miquelon, Canada, Nouveau Brunswick, Maine, New-Hampshire, Vermont, New-York, Massachusetts, Montagnes Rocheuses, Washington.

Variétés.

auriculatum *Schlieph. el Warnst.* in *Hedwigia* 1884, n° 7-8 (sub *S. acutiformi*).

curvulum *Röll,* in *Flora,* 1886.

deflexum *Röll,* loc. cit.

densum *Röll,* loc. cit.

elegans *Röll,* loc. cit.

fallax *Röll,* in *Bot. Centralbl.,* 1891, n° 21-22 (sub *S. Russowii*).

flagellatum *Röll,* in *Flora,* 1886.

Girgensohnioides *Russ.* in litt. Warnst. in *Bot. Gaz.,* XV, p. 132 (sub *S. Russowii*).

gracilescens *Röll,* in *Flora,* 1886.

intermedium *Russ.* apud Warnst. Europ. Torfm., n°s 135 et 136 (sub *S. Russowii*).

laxum *Röll,* in *Flora,* 1886.

molle *Russ.* apud Warnst. Europ. Torfm., n°s 129 à 134 (sub *S. Russowii*).

obscurum *Russ.* in litt. Warnst. in *Bot. Gaz.,* XV, p. 133 (sub *S. Russowii*).

poecilum *Russ.* in litt. Warnst. in *Bot. Gaz.,* XV, p. 132 (sub *S. Russowii*).

polyphyllum *Warnst.* in *Flora,* 1882 (sub *S. acutifolio*).

pseudo-strictiforme *Röll,* in litt. (sub *S. Warnstorfii* Röll).

pulchrum *Röll,* in *Flora,* 1886.

purpureum *Jens.* De danske Sph.-Art. (sub *S. Russowii*).

rhodochroum *Russ.* in litt. Warnst. in *Bot. Gaz.,* XV, p. 132 (sub *S. Russowii*).

roseum *Limpr.* apud Milde, Bryol. siles., p. 382 (sub *S. acutifolio*).
squarrosulum *Röll,* in *Flora,* 1886.
strictiforme *Warnst.* in *Flora,* 1883, p. 373 (sub *S. acutifolio*).
strictum *Röll,* in *Flora,* 1886 (sub *S. Warnstorfii* Röll).
tenellum *Röll,* loc. cit. (sub *S. Warnstorfii* Röll).
violaceum *Röll,* loc. cit.
viride Jens. De danske Sph.-Art. (sub *S. Russowii*).

Rodriguezii Ren. et Card. (1889). — obtusiusculum *Lindb.*
(forma laxa, pallida).

164. rotundatum C. Müll. et Warnst. (1896). — (*Subse-*
cunda).

1896. *rotundatum* C. Müll. et Warnst. mss. (Warnst. in litt.).
Distrib. — AMÉRIQUE DU SUD. Brésil.

165. rotundifolium C. Müll. et Warnst. (1896). —
(*Subsecunda*).

1896. *rotundifolium* C. Müll. et Warnst. mss. (Warnst.
in litt.).
Distrib. — AMÉRIQUE DU SUD. Brésil.

rubellum Wils. (1855). — tenellum *Klingg.* var. rubellum
Klingg.

166. rufescens Nees et Hornsch. (1823). Warnst. (1888).
— (*Subsecunda*).

1804. *latifolium* var. *fluitans* Turn. Musci hibern., p. 5
(teste Braithw. The Sphagn., p. 50).
1823. *rufescens* Nees et Hornsch. Bryol. germ. I, p. 15.
» *contortum* Nees et Hornsch. loc. cit.
» — var. *rufescens* Nees et Hornsch. loc. cit.
1838-1849. *acutifolium* var. *contortum* Hartm. Skand. Fl.
ed. 3 à 5 (teste Lindb. Eur. och N. Am. hvitmoss., p. 9).
1849. *subsecundum* varr. *contortum* et *turgidum* C. Müll.
Syn. I, p. 101, *ex parte?*
1856. *Lescurii* Sulliv. Moss. of Un. Stat., p. 11 (teste
Braithw. The Sphagn., p. 50).

1858. *subsecundum* var. *contortum* Sch. Hist. nat. des Sph.,
p. 80, pl. XXII, fig. β, pl. XXIII, fig. β.
» *auriculatum* Sch. loc. cit., p. 80, pl. XXIV.
» *subsecundum* var. *contortum* Sch. Entw.-Gesch. der
Torfm., p. 75, pl. XXII, fig. β, pl. XIII, fig. β.
» *auriculatum* Sch. loc. cit., p. 77, pl. XXIV.
» *cymbifolium* var. *tenellum* Hartm. Skand. Fl. ed. 7,
p. 398 (*ex parte ?*).
1862. *subsecundum* var. *auriculatum* Lindb. in *Oefv. K. Vet.
Ak.*, XIX, p. 141.
1865. *subsecundum* β *isophyllum* Russ. Beitr. zur Kenntn.
der Torfm., p. 73, *ex parte.*
1869. *subsecundum* var. *simplicissimum* Milde, Bryol. siles.,
p. 393.
1872. *subsecundum* varr. *viride* et *rufescens* Boulay, Fl.
crypt. de l'Est, p. 713.
1876. *subsecundum* var. *contortum* Sch. Syn. Musc. europ.
ed. 2, p. 844.
» *auriculatum* Sch. loc. cit.
1880. *subsecundum* varr. *contortum* et *auriculatum* Braithw.
The Sphagn., pp. 49 et 50, pl. X, fig. β et γ.
1881. *cavifolium* var. 1 *subsecundum* β *contortum* Warnst.
Die europ. Torfm., p. 82 (*pro maxima parte*).
» *cavifolium* var. 1 *subsecundum* γ *auriculatum* Warnst.
loc. cit., p. 85.
1882. *subsecundum* varr. *contortum, squarrosulum* et *auriculatum* Husnot, Sphagnol. europ., pp. 8 et 9.
» *subsecundum* Lindb. Eur. och N. Am. hvitmoss.,
p. 28, *ex parte.*
1884. *subsecundum* varr. *auriculatum, laxum* et *contortum*
Lesq. et Jam. Man. of the Moss. of N. Am., p. 19.
» *subsecundum* var. *algerianum* Card. in *Rév. bryol.*,
1884, n° 4, p. 54.
» *contortum* Warnst. Sphagnol. Rückbl., in *Flora*, 1884,
ex parte.

1885. *contortum* Limpr. Laubm. I, p. 120, *ex parte*.

1886.   —   Röll, Zur System. der Torfm., in *Flora*, 1886 (*saltem pro maxima parte*).

  »   *turgidum* Röll, loc. cit., *ex parte*.

  »   *subsecundum* varr. *contortum, viride* et *fluitans* Card. Sph. d'Eur., in *Bull. de la Soc. royale de Bot. de Belg.*, t. XXV, part. I, pp. 66 à 68 (50 à 52) (*saltem pro maxima parte*).

1887. *subsecundum* Dusén, On Sphagn. Utbredn. Skand., pp. 15 et 71, *ex parte*.

  »   *subsecundum* var. *laxum* Card. Rév. des Sph. de l'Am. du Nord, in *Bull. de la Soc. royale de Bot. de Belg.*, t. XXVI, part. I, p. 50 (12).

  »   *cavifolium* subsp. *contortum* Russ. in *Sitzungsber. der Dorpat. Naturforsch.-Ges.*, 1887, p. 312, *ex parte*.

  »   *cavifolium* subsp. *contortum* Russ. Zur Anatomie der Torfm., p. 29, *ex parte*.

1888. *rufescens* Warnst. in *Hedwigia*, 1888, p. 267.

1890.   —   Warnst. Contrib. to the knowl. of the N. Am. Sph., in *Bot. Gaz.*, XV, p. 246.

  »   *subsecundum* Jens. De danske Sph.-Art., in *Bot. Foren. Festskr.*, 1890, p. 72 (23), *ex parte*.

1891. *rufescens* Venturi, Les Sph. europ., in *Rev. bryol.*, 1891, n° 6, p. 91.

1892. *subsecundum* var. *mesophyllum* Warnst. Europ. Torfm., n° 290.

  »   *subsecundum* var. *macrophyllum* Warnst. loc. cit., n°ˢ 294 à 297.

1894. *inundatum* Russ. Zur Kenntniss, etc., p. 45, *ex parte*.

  »   *Gravetii* Russ. loc. cit., p. 63, *ex parte*.

  »   *rufescens* Warnst. Characteristik und Uebers., etc., in *Hedwigia*, 1894, p. 327.

(   ). *magnifolium* Wils. mss. in herb. ? ⎫ (Cfr. Braithw.
  » *Kinlayanum* Wils. mss. in sched. ? ⎭ The Sphagn., p. 88).

(   ). *polyporum* Mitt. mss. ? Braithw., in *Monthl. Micr.*
   Journ., 1873, p. 14, ut syn.
  »   *subsecundum* var. *montanum* Sendtn. in herb. (veri-
   similiter. Cfr. Warnst., in *Hedwigia*, 1888, p. 274).
Distrib. — EUROPE. Répandu dans toute la zone moyenne
   et septentrionale. S'élève dans les Alpes jusqu'à plus
   de 2000 m. (d'après Pfeffer). Descend dans la région
   méditerranéenne en Italie et se retrouve aussi en
   Portugal. — ASIE. Caucase : Svanie, entre les fleuves
   Neuskra et Seken, 2100-2200 m. (Dr Levier). — AFRIQUE.
   Algérie, Tunisie (*S. subsecundum* var. *algerianum*
   Card.). — AMÉRIQUE DU NORD. Terre-Neuve, Labrador,
   Canada, Nouvelle-Angleterre, Washington, Californie.

Variétés.

abbreviatum *Röll*, in *Flora*, 1886 (sub *S. contorto*).
albescens *Warnst.* in *Hedwigia*, 1884, n° 7-8 (sub *S. contorto*).
algerianum *Card.* in *Rev. bryol.* 1884, n° 4, p. 54 (sub *S. subse-*
   cundo).
ambiguum *Röll*, in *Flora*, 1886 (sub *S. contorto*).
auriculatum *Sch.* Hist. nat. des Sph., p. 80 (ut species).
Beckmannii *Warnst.* in *Hedwigia*, 1884, n° 7-8 (sub *S. contorto*).
brachycladum *Warnst.* loc. cit. (sub *S. contorto*).
compactum *Warnst.* apud Röll, in *Flora*, 1886 (sub *S. contorto*).
corniculatum *Röll*, loc. cit. (sub *S. contorto*).
cymbifolium *Röll*, loc. cit. (sub *S. contorto*).
deflexum *Grav.* apud Warnst. in *Hedwigia*, 1884, n° 7-8 (sub *S.*
   contorto).
falcatum *Card.* Sph. d'Eur. (ut *S. subsecundum* var. *contortum* f.
   falcatum).
gracile *Röll*, in *Flora*, 1886 (sub *S. contorto*).
griseum *Warnst.* Europ. Torfm., n° 197.
laxum *Röll*, in *Flora*, 1886 (sub *S. contorto*).
Lindbergii *Röll*, in *Bot. Centralbl.*, 1891, n° 21-22 (sub *S. contorto*).
macrophyllum *Warnst.* Europ. Torfm., n°s 292, 293, 295, 296.
patulum *Röll*, in *Flora*, 1886 (sub *S. contorto*).
revolvens *Röll*, loc. cit. (sub *S. contorto*).
rigidum *Schlieph.* apud Röll, loc. cit. (sub *S. contorto*).
simplicissimum *Milde*, Bryol. siles., p. 393 (sub *S. subsecundo*).

squarrosulum *Grav.* apud Warnst. Die europ. Torfm., p. 83 (ut
    S. cavifolium var. 1 *subsecundum* β *contortum* * *squarrosulum*).
strictum *Grav.* apud Warnst. loc. cit. (ut *S. cavifolium* var. 1 *sub-*
    secundum β *contortum* * *strictum*).
subauriculatum *du Buysson* apud Röll, in *Flora*, 1886 (sub *S.*
    contorto).
tenellum *Röll*, loc. cit. (sub *S. contorto*).
teretiusculum *Röll*, loc. cit. (sub *S. contorto*).
viride *Boulay*, Fl. crypt. de l'Est, p. 713 (sub *S. subsecundo*).
Warnstorfii *Röll*, in *Flora*, 1886 (sub *S. contorto*).

rufulum C. Müll. (1874). — recurvum (*Pal. Beauv.*) *Russ. et*
    Warnst. var. amblyphyllum *Warnst.*
Russowii Warnst. (1886). — robustum *Röll* (*extens.*).

    167 *. **Rutenbergii** C. Müll. (1881). — (*Subsecunda ?*).

1881. *Rutenbergii* C. Müll. Reliquiae Rutenbergianae, in
    Abhandl. Naturwissensch/t. Ver. zu Bremen, Bd. VII,
    Hft. 2, p. 203.
Distrib. — AFRIQUE. Madagascar : forêt d'Ambatondrazaka
    (Rutenberg, 1877). [1]

S

Schimperi Röll (1886) [2] { acutifolium *Russ. et Warnst.* / tenellum *Klingg.* } *ex parte.*

  1. M. Warnstorf n'a pas vu cette espèce. L'auteur la compare aux
petites formes du *S. subsecundum.*
  2. M. Röll (in *Flora*, 1886) attribue à son *S. Schimperi* les variétés
suivantes :

compactum *Röll.*
deflexum *Röll.*
densum (*Warnst.* sub *S. acuti-*
  folio).
gracile *Röll* (= *S. tenellum*
  Klingg.).
laxum *Röll.*
parvulum *Röll.*
plumosum *Röll.*
pseudo-Schimperi (*Warnst.* sub
  S. acutifolio).

pycnocladum (*Schlieph.* sub *S.*
  acutifolio).
repens *Röll.*
roseum *Röll.*
squarrosulum *Röll.*
squarrosum *Röll.*
strictum *Röll.*
tenellum *Röll* (= *S. tenellum*
  Klingg.).
teretiusculum *Röll.*

Schliephackeanum Röll (1886)[1]. — acutifolium *Russ. et Warnst. ex parte.*

168. Scortechinii C. Müll. (1896). — (*Cuspidata*).

1896. *Scortechinii* C. Müll. mss. (Warnst. in litt.).
Distrib. — OCÉANIE. Australie.

sedoides { Brid. (1826). — Pylaiei *Brid.* var. sedoides *Lindb.*
Husnot. (1882). — Pylaiei *Brid.*
Sch. (   ). — caldense *C. Müll.*

sedoides var. ? Sulliv. (1856). — Pylaiei *Brid.*

169 *. Seemanni C. Müll. (1875). — (*Cuspidata ?*).

1861. *cuspidatum* Mitt. in *Bonplandia*, t. IX, p. 366.
1875. *Seemanni* C. Müll. Musci polynesiaci Graeffeani, in
   Journ. des Mus. Godeff., Heft. VI, p. 6.
Distrib. — OCÉANIE. Iles Fidji : Ovalau (B. Seemann).

170. sericeum C. Müll. (1847). — (*Sericea*).

1847. *sericeum* C. Müll. in *Bot. Zeit.*, 1847, p. 481.
1849.   —   C. Müll. Syn. I, p. 90.
1855.   —   Doz. et Mlkb. Bryol. jav. I, p. 30, tab. XXI.
  » *Hollianum* Doz. et Mlkb. loc. cit. I, p. 29, tab. XX.
1887. *seriolum* C. Müll. Sph. nov. descript., in *Flora*, 1887,
   p. 421 (teste Warnst., in *Hedwigia*, 1890, pp. 183 et
   222-223).
1890. *sericeum* Warnst. Beitr. zur Kenntn. exot. Sph., in
   Hedwigia, 1890, p. 222, pl. VIII, fig. 13 à 16, pl. X,
   fig. 7 et 8.
Distrib. — ARCHIPEL MALAIS. Java (Holle (*S. Hollianum* D.
et M.); Hasskarl); mont Salak (Zollinger, n° 2217 ;

---

1. M. Röll (in *Flora*, 1886) attribue à son S. *Schliephackeanum*
les variétés suivantes :

congestum *Röll.*   rotundifolium *Röll.*
gracile *Röll.*   tenellum *Röll.*
polycladum (*Card.* sub *S. acuti-*
   folio).

S. Hollianum D. et M.). Sumatra : dans les forêts du mont Lubu-Radja, 5000-5800 pieds (Junghuhn ; *S. sericeum* C. Müll.) ; mont Singalen (Dr Beccari, 1878 ; *S. seriolum* C. Müll.).

seriolum C. Müll. (1887). — sericeum *C. Müll.*

Serrae C. Müll. (1889). — recurvum (*Pal. Beauv.*) *Russ. et Warnst.* var. amblyphyllum *Warnst.*

serratum Aust. (1877). — cuspidatum (*Ehrh.*) *Russ. et Warnst.* var. serratum *Lesq. et Jam.* (*S. trinitense* C. Müll.).

171. serrulatum Warnst. (1893). — (*Cuspidata*).

1893. *serrulatum* Warnst. Beitr. zur Kenntn. exot. Sph., in *Hedwigia*, 1893, p. 1, pl. I, fig. 1[a]-1[g].

Distrib. — OCÉANIE. Tasmanie : Zeehan Railway, 4 milles 1/2 de Strahan, côte occidentale (Weymouth, 1891, n° 622 ; herb. Brotherus).

172. simile Warnst. (1894). — (*Subsecunda*).

1894. *simile* Warnst. Characteristik und Uebers., etc., in *Hedwigia*, 1894, pp. 326 et 335.

1895. *simile* Warnst. Beitr. zur Kenntn. exot. Sph., in *Allgem. bot. Zeitschr. für System., Flor., Pflanzengeogr.*, etc., 1895, n° 11.

Distrib. — AMÉRIQUE DU NORD. Wisconsin : Madison (Cheney et Truc, 1893).

173*. Sintenisi C. Müll. (   ). — (   ).

(   ). *Sintenisi* C. Müll. mss. in herb. Berol.

Distrib. — ANTILLES. Portorico (Sintenis).

174. sparsifolium Warnst. (1894). — (*Rigida*).

1894. *sparsifolium* Warnst. Characteristik und Uebers., etc., in *Hedwigia*, 1894, pp. 320 et 334.

1895. *sparsifolium* Warnst. Beitr. zur Kenntn. exot. Sph., in *Allgem. bot. Zeitschr. für System., Flor., Pflanzengeogr.*, etc., 1895, n° 12.

Distrib. — ANTILLES. Guadeloupe, base de la Soufrière.
(Herb. Cardot ; comm. rev. Héribaud).

175. sparsum Hpe (1870). — (*Acutifolia*).

1870. *sparsum* Hpe, in *Vid. Medd. fra den nat. Foren. i Kbvn.*,
1870, p. 259.

1888. *pulchellum* Warnst. in litt.

1890. *sparsum* Warnst. Beitr. zur Kenntn. exot. Sph., in
Hedwigia, 1890, p. 203, pl. V, fig. 15ᵃ, 15ᵇ, pl. VI, fig. 6.

1894. *sparsum* Warnst. Characteristik und Uebers., etc.,
in *Hedwigia*, 1894, p. 309.

Distrib. — AMÉRIQUE DU SUD. Brésil : Rio-de-Janeiro
(Glaziou, nᵒˢ 3535, 3547, 4041, 4547, 7041). Nouvelle-
Grenade (herb. Bescherelle).

speciosum Klingg. (1872). — riparium *Angstr.*

spectabile Sch. (1876). — riparium *Angstr.*

Spegazzini Schlieph. (   ). — falcatulum *Besch.*

spinulosulum C. Müll. (   ). — medium *Limpr.*

squarrosulum Lesq. [1] (1854). — teres *Angstr.* var. squarrosulum *Warnst.*

176. squarrosum Pers. (1800). — (*Squarrosa*).

1800. *squarrosum* Pers. apud Schrad. *Journ. Bot.*, 1800,
p. 398.

1805. *oblongun* Pal. Beauv. Prodr., p. 15.   } (teste Braithw.
1806. *crassiselum* Brid. Sp. Musc. I, p. 15.   } The Sphagn., p. 59).

1820. *latifolium* var. *squarrosum* Wahlenb. Fl. Ups., p. 391.

1823. *cymbifolium* var. *squarrosum* Bruch. in Bryol. germ. I,
p. 11, in obs. (teste Warnst. Contrib. to the knowl. of
the N. Am. Sph., in *Bot. Gaz.*, XV, p. 223).

1849. *squarrosum* C. Müll. Syn. I, p. 94.

---

1. Dans son *Histoire naturelle des Sphaignes*, p. 72, Schimper
cite cette forme, à la suite du *S. squarrosum* Pers., sous le nom
erroné de *S. squarrulosum* Lesq.

1858. *squarrosum* Sch. Hist. nat. des Sph., p. 70, pl. XVII,
    ex parte.

»   *squarrosum* Sch. Entw.-Ges. der Torfm., p. 63,
    pl. XVII, *ex parte*.

1865. *squarrosum* Russ. Beitr. zur Kenntn. der Torfm.,
    p. 62 (*excl. varr.*).

1876. *squarrosum* Sch. Syn. Musc. europ. ed. 2, p. 835
    (excl. var. *squarrosulum*).

1880. *squarrosum* Braithw. The Sphagn., p. 59, pl. XIV
    (excl. varr. *squarrosulum, laxum, subteres* et *teres*).

1881. *teres* varr. *squarrosum* et *compactum* Warnst. Die
    europ. Torfm., pp. 121 et 125.

1882. *squarrosum* Husnot, Sphagnol. europ., p. 10 (excl.
    varr. *squarrosulum, laxum, subteres* et *teres*).

»   *squarrosum* Lindb. Eur. och N. Am. hvitmoss., p. 42,
    ex parte.

»   *teres* subsp. *squarrosum* Warnst. in *Flora*, 1882, p. 552.

1884. *squarrosum* Lesq. et Jam. Man. of the Moss. of N.
    Am., p. 16 (excl. var. *squarrosulum*).

»   *squarrosum* Warnst. Sphagnol. Rückbl., in *Flora*,
    1884 (excl. varr. *laxum* et *subteres*).

1885. *squarrosum* Limpr. Laubm. I, p. 124.

1886.   —   Röll, Zur System. der Torfm., in *Flora*,
    1886 (excl. var. *laxum*).

»   *teres* subsp. *squarrosum* Card. Sph. d'Eur., in *Bull. de
    la Soc. royale de Bot. de Belg.*, t. XXV, part. I, p. 76 (60).

1887. *squarrosum* subsp. 1 *genuinum* Dusén, On Sphagn.
    Utbredn. Skand., pp. 21 et 78.

»   *teres* subsp. *squarrosum* Card. Rév. des Sph. de l'Am.
    du Nord, in *Bull. de la Soc. royale de Bot. de Belg.*,
    t. XXVI, part. I, p. 53 (15).

1890. *squarrosum* Warnst. Contrib. to the knowl. of the
    N. Am. Sph., in *Bot. Gaz.*, XV, p. 223.

»   *squarrosum* Jens. De danske Sph.-Art., in *Bot. Foren.
    Festskr.*, 1890, p. 80 (31), pl. 1, fig. 7, pl. 3, fig. 34.

1894. *squarrosum* Russ. Zur Kenntniss, etc., pp. 156 et 166.

   »   —   Warnst. Characteristik und Uebers., etc., in *Hedwigia*, 1894, p. 314.

  (   ). *Aconiense* De Not. mss. (teste Lindberg, in *Oefvers. V. Ak.*, XIX, p. 139, in obs.).

   » *patulum* Mitt. mss. (teste Braithw. The Sphagn., p. 59).

Distrib. — EUROPE. Commun dans toute la zone moyenne et septentrionale. S'élève dans les Alpes jusqu'à 2200 m. Descend dans la région méditerranéenne, en Italie. Signalé au Spitzberg, à l'île des Ours et en Islande. — ASIE. Sibérie : région de l'Amour, près de Nikolajewsk (Maximowicz); vallée de l'Iéniséi (Arnell). — AFRIQUE. Açores (herb. Mitten ; teste Warnst. in *Hedwigia*, 1890, p. 181). — AMÉRIQUE DU NORD. Amérique arctique, Terre-Neuve, Miquelon, Labrador, Canada, Nouveau-Brunswick, Maine, New-Hampshire, Vermont, New-Jersey, Michigan, Indiana, Washington, Colombie britannique, Alaska.

Variétés.

brachycladum Grav. — var. imbricatum *Sch.* forma.

compactum *Warnst.* Die europ. Torfm., p. 125 (sub *S. tereti*) et in *Hedwigia*, 1884, n° 7-8.

confertum Bruch. — var. imbricatum *Sch.*

cuspidatum *Warnst.* in *Hedwigia*, 1884, n° 7-8.

densum *Röll*, in *Flora*, 1886.

elegans *Röll*, loc. cit.

flagellare *Röll*, loc. cit.

fusco-lutescens *Jens.* De danske Sph.-Art.

humile *Schlieph.* apud *Röll*, in *Irmischia*, 1884.

imbricatum *Sch.* Syn. Musc. europ. ed. 2, p. 836. (Syn. : var. *brachycladum* Grav. in litt. ; var. *confertum* Bruch, in herb. Braun, teste Warnstorf).

minus *Brid.* (Cfr. Warnstorf. in *Bot. Centralbl.*, 1882, n° 3-5).

molle *Röll*, in *Flora*, 1886.

patulum *Röll*, loc. cit.

robustum *Röll*, loc. cit

162 J. CARDOT.

semisquarrosum Russ. — var. subsquarrosum Russ. ?
spectabile Russ. in litt. et apud Warnst. in Bot. Gaz., XV, p. 224.
subsquarrosum Russ. apud Warnst. in Hedwigia, 1888, p. 271
(Syn. : var. semisquarrosum Russ. in litt. et apud Warnst. in
Bot. Gaz., XV, p. 224 ?).

squarrosum
- Hsch. ( ). — recurvum (Pal. Beauv.) Russ. et Warnst. var. amblyphyllum Warnst. (S. pulchricoma C. Müll.).
- Sch. (1858)
  - squarrosum Pers.
  - teres Angstr.

squarrosum subsp.
- 1 genuinum Dusén. (1887). — squarrosum Pers.
- 2 teres Dusén. (1887). — teres Angstr.

squarrosum var.
- fallax Card. (1883). — teres Angstr. var. squarrosulum Warnst. f. limbatum Card.
- laxum Braithw. (1880). — fimbriatum Wils. var. robustum Braithw.
- limbatum Card. (1884). — teres Angstr. var. squarrosulum Warnst. f. limbatum Card.
- squarrosulum Sch. (1858). — teres Angstr. var. squarrosulum Warnst.
- subteres Lindb. (1880). — teres Angstr.
- tenellum
  - Bruch ( ). — teres Angstr. var. squarrosulum Warnst.
  - Hüb. (1833). — molluscum Bruch.
- teres Sch. (1858). — teres Angstr.

squarrulosum Sch. (1858), ex errore pro squarrosulum. — teres Angstr. var. squarrosulum Warnst.

strictum
- Lindb. (1862). — Girgensohnii Russ.
- Sulliv. (1846). — rigidum Sch.

177. Stuhlmannii Warnst. (1895). — (Cuspidata).

1895. Stuhlmannii Warnst. Beitr. zur Kenntn. exot. Sph.,

in *Allgem. bot. Zeitschr. für System., Flor., Pflanzen-geogr., etc.*, 1895, n° 9.

Distrib.—AFRIQUE ORIENTALE. Bukoba (Dr Stuhlmann, 1892).

subaciphyllum C. Müll. (   ). — oxyphyllum *Warnst.*

178. subacutifolium Sch. (   ). — *(Acutifolia).*

(   ). *subacutifolium* Sch. mss. in herb. Mus. Paris.

1893. *acutifolium* Besch. Nouv. doc. pour la Fl. bryol. du Japon, in *Ann. sc. nat.*, XVIII, p. 393 *(saltem ex parte).*

1895. *subacutifolium* Warnst. Beitr. zur Kenntn. exot. Sph., in *Allgem. bot. Zeitschr. für System., Flor., Pflanzen-geogr., etc.*, 1895, n° 5.

Distrib. — ASIE. Japon : Yokoska (Savatier, n° 534).

179*. subaequifolium Hpe (1879). — *(Subsecunda).* [1]

1879. *subaequifolium* Hpe, Enum. Musc. prov. brasil. Rio-de-Janeiro et S. Paulo detect., p. 3.

Distrib. — AMÉRIQUE DU SUD. Brésil : Caldas (Angström ad Hampe misit).

subbicolor Hpe (1880). — cymbifolium *(Hedw.) Warnst.* var. Hampeanum *Warnst.*

180*. subcontortum Hpe (1876). — (   ).

1876. *subcontortum* Hpe, in *Linnaea*, 1876, p. 301. [2]

Distrib. — AUSTRALIE. Mt Warning (W. Guilfoyle).

181. subcuspidatum C. Müll. et Warnst. (1896). — *(Cuspidata).*

1896. *subcuspidatum* C. Müll. et Warnst. mss., non Sch. (Warnst. in litt.).

Distrib. — OCÉANIE. Nouvelle-Zélande.

---

1. L'auteur compare cette espèce au *S. subsecundum.*

2. Cfr. Warnstorf. Beitr. zur Kenntn. exot. Sph., in *Hedwigia,* 1891, p. 44.

subcuspidatum Sch. (1865)
{ molle *Sulliv.*
{ recurvum (*Pal. Beauv.*) *Russ. et Warnst.*
     var. mollissimum *Russ.*

suberythrocalyx C. Müll. (1889). — erythrocalyx *Hpe.*
(1877). — gracilescens *Hpe* forma.

submolluscum Hpe
{ (1879)
{ gracilescens *Hpe* forma (teste Warnstorf).
{ Puiggarii *C. Müll.* (teste C. Müller).

submucronatum C. Müll. ( ). — tumidulum *Besch.*

182. subnitens Russ. et Warnst. (1888). — (*Acutifolia*).

1788-1880. *acutifolium* Ehrh. et Auct. *ex parte.*

1823. *tenellum* (Pers.) Nees et Hornsch. Bryol. germ. ?[1]

» *acutifolium* var. *luridum* Hüb. in Bryol. germ., p. 28?

1869. *acutifolium* var. *plumosum* Milde, Bryol. sil., p. 382.

1880. — varr. *luridum* et *laetevirens* Braithw. The Sphagn., pp. 73 et 74, pl. XX. fig. λ, pl. XXI, fig. μ.

1881. *acutifolium* varr. *plumosum, squarrosulum, luridum, laetevirens* et *laxum* Warnst. Die europ. Torfm., pp. 42 à 50.

1882. *acutifolium* varr. *luridum* et *laetevirens* Husnot, Sphagnol. europ., p. 13.

» *acutifolium* var. *Schillerianum* Warnst. in *Flora,* 1882, n° 29.

1883. *acutifolium* var. *aquaticum* Schlieph. in litt. (teste Warnst. in *Bot. Ver. der Prov. Brand.,* XXX, p. 115).

1884. *acutifolium* varr. *luridum* et *aquaticum* Warnst. Sphagnol. Rückbl., in *Flora,* 1884.

» *acutifolium* var. *flavicomans* Card. in *Rev. bryol.,* 1884, n° 4, p. 55.

---

1. Cfr. Warnst., in *Bot. Ver. der Prov. Brand.,* XXXII, p. 227.

1886. *plumulosum* varr. *submersum?*, *luridum*, *elongatum*,
   lactevirens, *plumosum*, *violaceum*, *limosum*, *squarro-*
   sulum, *Schillerianum* Röll, Zur System. der Torfm.,
   in *Flora*, 1886.

  » *acutifolium* var. *luridum* et *flavicomans* Card. Sph.
   d'Eur., in *Bull. de la Soc. royale de Bot. de Belg.*,
   t. XXV, part. I, pp. 83 et 84 (67 et 68).

  » *luridum* Warnst. in *Hedwigia*, 1886, p. 230. [1]

1887. *acutifolium* varr. *luridum* et *flavicomans* Card. Rév.
   des Sph. de l'Am. du Nord, in *Bull. de la Soc. royale de*
   Bot. de Belg., t. XXVI, part. I, p. 53 (15).

1888. *subnitens* Russ. et Warnst. apud Warnst. Die Acutifoliumgruppe der europ. Torfm., in *Bot. Ver. der Prov.*
   Brand., XXX, p. 115, pl. III, fig. 9ᵃ, 9ᵇ, pl. IV,
   fig. 22ᵃ, ᵇ, ᶜ, 23ᵃ, ᵇ, ᶜ (excl. syn. *S. Gedeanum* Doz. et
   Mlkb.).

1890. *subnitens* Warnst. Contrib. to the knowl. of the N.
   Am. Sph., in *Bot. Gaz.*, XV, p. 194.

  » *subnitens* Jens. De danske Sph.-Art., in *Bot. Foren.*
   Festskr., 1890, p. 84 (35), pl. 1, fig. 11, pl. 4,
   fig. 44.

1891. *subnitens* Venturi, Les Sph. europ., in *Rev. bryol.*,
   1891, nᵒ 4, p. 61.

1894. *subnitens* Russ. Zur Kenntniss, etc., pp. 148 et 164.

  »   — Warnst. Characteristik und Uebers., etc.,
   in *Hedwigia*, 1894, p. 311.

Distrib. — EUROPE. Commun dans presque toute l'Europe;
   plaines et montagnes. S'élève jusqu'à 1600 m. dans
   les Pyrénées, et 1750 m. en Suisse. — ASIE. Yunnan

1. M. Warnstorf (in *Bot. Ver. der Prov. Brand.*, XXX, p. 117), fait
remarquer qu'en l'absence d'un échantillon original, il est difficile
de savoir exactement ce qu'est la var. *luridum* Hüb., et c'est
pourquoi M. Russow et lui ont cru devoir abandonner ce nom pour
imposer celui de *S. subnitens* aux formes de l'ancien *S. acutifolium*
Ehrh. désignées par la plupart des sphagnologues récents sous le
nom de var. *luridum*.

(Delavay). — Afrique. Açores : Flores, San-Miguel (Trelease). — Amérique du Nord. Assez répandu : Terre-Neuve, Miquelon, Labrador, Nouvelle-Écosse, Maine, New-Hampshire, Massachusetts, New-Jersey, Connecticut, Virginie, Indiana, Alabama, Californie.

Variétés.

aquaticum *Schlieph.* in litt. et apud Warnst., in *Flora*, 1884 (sub *S. acutifolio*).

carneum *Russ.* apud Warnst. Europ. Torfm., nᵒ 245.

cœrulescens *Schlieph.* apud Warnst. in *Bot. Ver. der Prov. Brand.*, XXX, p. 118.

deflexum *Warnst.* in *Hedwigia*, 1884, nᵒ 7-8 (sub *S. acutifolio*, ut var. *luridum* f. *deflexum*).

elongatum *Warnst.* loc. cit. (sub *S. acutifolio*, ut var. *luridum* f. *elongatum*).

fibrosum *Card.* Sph. d'Eur. (sub *S. acutifolio*, ut var. *luridum* f. *fibrosum*).

flavicomans *Card.* in *Rev. bryol.*, 1884, nᵒ 4, p. 55 (sub *S. acutifolio*).

griseum *Warnst.* in *Bot. Ver. der Prov. Brand.*, XXX, p. 118.

laetevirens *Braithw.* The Sphagn., p. 74 (sub *S. acutifolio*).

laxum *Warnst.* Die europ. Torfm., p. 50 (sub *S. acutifolio*).

limosum *Grav.* apud Warnst. in *Hedwigia*, 1884, nᵒ 7-8 (sub *S. acutifolio*, ut var. *luridum* f. *limosum*).

obscurum *Warnst.* in *Bot. Gaz.*, XV, p. 196.

pallescens Warnst. — var. pallens *Warnst. ?*

pallens *Warnst.* in *Bot. Ver. der Prov. Brand.*, XXX, p. 118. (Syn. : var. *pallescens* Warnst. Europ. Torfm., nᵒ 165 ?).

plumosum *Milde*, Bryol. sil., p. 382 (sub *S. acutifolio*).

purpurascens *Schlieph.* apud Warnst. in *Bot. Ver. der Prov. Brand.*, XXX, p. 118.

Schillerianum *Warnst.* in *Flora*, 1882, nᵒ 29 (sub. *S. acutifolio*).

squarrosulum *Warnst.* Die europ. Torfm., p. 48 (sub *S. acutifolio*).

strictum *Warnst.* in *Hedwigia*, 1884, nᵒ 7-8 (sub *S. acutifolio*, ut var. *luridum* f. *strictum*).

versicolor *Warnst.* in *Bot. Ver. der Prov. Brand.*, XXX, p. 118.

violaceum *Warnst.* in *Hedwigia*, 1884, nᵒ 7-8 (sub *S. acutifolio*, ut var. *luridum* f. *violaceum*).

viride *Warnst.* in *Bot. Ver. der Prov. Brand.*, XXX, p. 118.

183. subovalifolium C. Müll. et Warnst. (1896). —
(*Subsecunda*).

1896. *subovalifolium* C. Müll. et Warnst. mss. (Warnst.
in litt.).

Distrib. — AMÉRIQUE DU SUD. Brésil.

subpulchricoma C. Müll. (1887). — recurvum (*Pal. Beauv.*)
Russ. et Warnst. var. mucronatum *Russ.* forma foliis
caulinis fibrosis. [1]

184. subrecurvum Warnst. (1895). — (*Cuspidata*).

1895. *subrecurvum* Warnst. Beitr. zur Kenntn. exot. Sph.,
in *Allgem. bot. Zeitschr. für System., Flor., Pflanzengeogr., etc.*, 1895, n° 7-8.

Distrib. — Provenance douteuse : Java ou îles australes ?
(Zollinger ? herb. Camus).

185 *. subrigidum Hpe et Lortz. (1868). — (*Rigida ?*).

1868. *subrigidum* Hpe et Lortz. in *Bot. Zeit.*, 1868, n° 47.

Distrib. — AMÉRIQUE DU SUD. Chili : « in planitie turfosa
summi dorsi Cordillerae, 14000 ped. » (Krause).

186. subsecundum (Nees, 1819) Limpr. (1885). — (*Subsecunda*).

1819. *subsecundum* Nees apud Sturm, Deutschl. Fl., 2,
fasc. 17, *ex parte*.

1838-1849. *acutifolium* var. *subsecundum* Hartm. Skand.
Fl. edd. 3-5 (teste Lindberg, Eur. och N. Am. hvitmoss.,
p. 29).

1849. *subsecundum* C. Müll. Syn. I, p. 100, *ex parte*.

1854. *tenue* Doz. in *Verh. Akad. Wetensch. Nederl.* II, pp. 4
et 6 à 8 ? (teste Lindberg, Eur. och N. Am. hvitmoss.,
p. 29).

1855. *contortum* var. *subsecundum* Wils. Bryol. brit., p. 22.

---

1. Teste C. Warnstorf, in litteris.

1856. *Lescurii* Sulliv. Moss. of Un. Stat., p. 11 (teste Warnst., in *Hedwigia*, 1891, p. 44).

1858. *subsecundum* Sch. Hist. nat. des Sph., p. 79, pl. XXII et XXIII, *ex parte*.

» *subsecundum* Sch. Entw.-Gesch. der Torfm., p. 74, pl. XXII et XXIII, *ex parte*.

1865. *subsecundum* groupe *heterophylla* Russ. Beitr. zur Kenntn. der Torfm., p. 72.

1876. *subsecundum* Sch. Syn. Musc. europ. ed. 2, p. 843 (*excl. varr.*).

1880. *subsecundum* Braith. The Sphagn., p. 48, pl. IX (*excl. varr.*).

1881. *cavifolium* var. 1 *subsecundum* ε *molle* (et δ *intermedium ?*) Warnst. Die europ. Torfm., p. 86 (et 85?).

1882. *subsecundum* Husnot, Sphagnol. europ., p. 8, *ex parte*.

» *subsecundum* Lindb. Eur. och. N. Am. hvitmoss., p. 28, *ex parte*.

1884. *subsecundum* Lesq. et Jam. Man of the Moss. of N. Am., p. 19 (*excl. varr.*).

» *subsecundum* Warnst. Sphagnol. Rückbl., in *Flora*, 1884 (*tantum ex parte ?*).

1885. *subsecundum* Limpr. Laubm. I, p. 119.

1886. — Röll, Zur System. der Torfm., in *Flora*, 1886 (*saltem pro maxima parte*).

» *subsecundum* (*species primaria*) Card. Sph. d'Eur., in *Bull. de la Soc. royale de Bot. de Belg.*, t. XXV, part. I, p. 63 (47), *ex parte*.

1887. *subsecundum* Dusén, On Sphagn. Utbredn. Skand., pp. 15 et 71, *ex parte*.

» *subsecundum* (*species primaria*) Card. Rév. des Sph. de l'Am. du Nord, in *Bull. de la Soc. royale de Bot. de Belg.*, t. XXVI, part. I, p. 49 (11), *ex parte*.

» *cavifolium* subsp. *subsecundum* Russ. in *Sitzungsber. der Dorpat. Naturforsch. Gesellsch.*, 1887, p. 311.

1887. *cavifolium* subsp. *subsecundum* Russ. Zur Anatomie
der Torfm., p. 29.

1890. *subsecundum* Warnst. Contrib. to the knowl. of the
N. Am. Sph., in *Bot. Gaz.*, XV, p. 246.

» *subsecundum* Jens. De danske Sph.-Art., in *Bot.
Foren. Festskr.*, 1890, p. 72 (23), *ex parte*.

1891. *subsecundum* Venturi, Les Sph. europ., in *Rev. bryol.*
1891, n° 6, p. 91.

1894. *subsecundum* Russ. Zur Kenntniss, etc., p. 40.

» *inundatum* Russ. loc. cit., p. 45, *ex parte*.

» *Gravetii* Russ. loc. cit., p. 63, *ex parte*.

» *subsecundum* Warnst. Characteristik und Uebers.,
etc., in *Hedwigia*, 1894, p. 324.

( ). *polyporum* Mitt. mss. ? (Braithw. in *Monthl. micr.
Journ.*, 1873, p. 14, ut syn.).

Distrib. — EUROPE. Fréquent dans toute la zone moyenne
et septentrionale. S'élève dans les Alpes jusqu'à plus
de 2000 m. (d'après Pfeffer). Descend au Sud jusqu'en
Italie : Ligurie et Vénétie. — ASIE. Caucase : Svanie,
2300-2500 m. (D* Levier); Ossétie, 2200 m. (Brotherus);
Abkhasie, sources de la Galisga (Alböff). Sibérie :
vallée de l'Iéniséi (Arnell). — AMÉRIQUE DU NORD.
Répandu sur le versant atlantique, de Terre-Neuve à
la Floride. Plusieurs formes sont indiquées aussi à
l'Ouest, dans le Washington. [1]

Variétés.

abbreviatum *Röll*, in *Flora*, 1886. [2]
albo-nigrescens *Röll*, loc. cit.
ambiguum *Röll*, loc. cit.
angustifolium *Röll*, loc. cit.

---

1. M. Mitten (*Musci austro-amer.*, p. 624), indique le *S. subsecundum* au Brésil, Fazenda de Cashambu (2000 pieds), leg. Weir,
n° 67. J'ignore à quelle forme se rapportent ces échantillons.

2. Un certain nombre des variétés de M. Röll appartiennent probablement aux *S. rufescens* et *inundatum*.

J. C.   12

atroviride *Jens.* De danske Sph.-Art. (ut forma).

Berneti *Card.* Sph. d'Eur.

brachycladum *Röll,* in *Flora,* 1886.

Camusi *Card.* Sph. d'Eur.

crispulum *Russ.* Beiträge zur Kenntn. der Torfm.

cuspidatum *Röll,* in *Flora,* 1886.

deflexum *Röll,* loc. cit.

Dieckii *Röll,* in *Bot. Centralbl.,* 1891, n° 21-22.

falcatum *Schlieph.* apud Röll, in *Flora,* 1886.

fallax *Röll,* loc. cit.

filiforme *Sendtn.* in herb. (sub *S. contorto*). Warnst. in *Hedwigia,*
1888, p. 274.

fuscescens *Jens.* De danske Sph.-Art. (ut forma).

gracile *C. Müll.* Syn. I, p. 101. — var. molle *Warnst.* ?

gracilescens *Sch.* in herb. et apud Husnot, Sphagnol. europ., p. 8.

imbricatum *Röll,* in *Flora,* 1886.

intermedium Warnst. Die europ. Torfm., p. 85 (sub *S. cavifolio,*
ut var. 1 *subsecundum* f. *intermedium*). — An var. *S. rufes-
centis?*

indianense *Röll,* in *Bot. Centralbl.,* 1891, n° 21-22.

Jensenii *Warnst.* in *Hedwigia,* 1884, n° 7-8.

laricinum *Röll,* in *Flora,* 1886.

latifolium *Röll,* in *Bot. Centralbl.* 1891, n° 21-22.

laxum *Röll,* in *Flora,* 1886.

livens *Card.* Rév. des Sph. de l'Am. du Nord (ut forma).

majus *Röll,* in *Flora,* 1886.

molle *Warnst.* Die europ. Torfm., p. 86 (sub *S. cavifolio,* ut var.
1 *subsecundum* f. *molle*).

natans *Schlieph.* apud Röll, in *Flora,* 1886.

polyphyllum *Röll,* loc. cit.

pseudosquarrosum *Röll,* loc. cit.

repens *Röll,* in *Irmischia,* 1884.

robustum *Jens.* De danske Sph.-Art. (ut forma).

robustum *Röll,* in *Bot. Centralbl.,* 1891, n° 21-22.

Roederi *Röll,* in *Flora,* 1886.

squarrosulum *Schlieph.* apud Warnst. in *Flora,* 1884.

strictum *Röll,* in *Flora,* 1886.

tenellum *Schlieph.* apud Röll, in *Irmischia,* 1884.

tenellum *Warnst.* in *Hedwigia,* 1884, n° 7-8 (an syn. praeced. ?).

teretiusculum *Schlieph.* apud Röll, in *Irmischia,* 1884.

teres *Röll,* in *Bot. Centralbl.,* 1891, n° 21-22.

virescens *Angstr.* (Ubi ?). Warnst. in *Hedwigia*, 1884, n° 7-8. (Syn. :
var. *viridissimum* Schlieph. in litt.).

viridissimum Schlieph. — var. virescens *Angstr.*

subsecundum { C. Müll. { ( ). — meridense *C. Müll.*
{ (1851). — laricinum *Spr.*
{ Auct. plurim. { crassicladum *Warnst.*
{ inundatum (*Russ.*) *Warnst.*
{ obesum *Warnst.*
{ rufescens *Nees et Hornsch.*
{ subsecundum (*Nees*) *Limpr.*

subsecundum ? Hook. Handb. New. Zeal. Fl., p. 401 (1867).
— Quid ?

subsecundum groupe *heterophylla* Russ. (1865). — subsecundum (*Nees*) *Limpr.*

subsecundum β *isophyllum* { inundatum (*Russ.*) *Warnst.*
Russ. (1865).   { obesum *Warnst.*
{ platyphyllum (*Sulliv.*) *Warnst.*
{ rufescens *Nees et Hornsch.*

subsecundum subsp. *laricinum* { laricinum *Spr.*
Card. (1886).   { platyphyllum (*Sulliv.*) *Warnst.*

subsecundum var. {
algerianum Card. (1884). — rufescens
Nees et Hornsch.

auriculatum {
Hartm. { platyphyllum (*Sulliv.*) *Warnst.*
(1871). { rufescens *Nees et Hornsch.*
Lindb. (1862). — rufescens
Nees et Hornsch.

contortum Sch. { crassicladum *Warnst.*
(1858) et Auct. { inundatum (*Russ.*) *Warnst.*
plurim seq. { rufescens *Nees et Hornsch.*

contortum f. *fluitans* Braun ( ). —
obesum *Warnst.* var. plumosum
Warnst.

                                   J. CARDOT.

contortum forma Card. (1887). — microcarpum *Warnst.*

falcatum Sendtn. (   ). — laricinum
Spr.

fluitans Grav. in litt. (*S.* cavifolium var. 1 *sub-secundum β contortum* *** *fluitans* Warnst. Die europ. Torfm., p. 84). — inundatum (*Russ.*) *Warnst.* rufescens *Nees et Hornsch.*

insolitum Card. (1886). — obesum *Warnst.* forma.

subsecundum var. — *laxum* — H. Müller (   ). — obesum *Warnst.* var. plumosum *Warnst.*

Lesq. et Jam. (1884) (*S. Lescurii* Sulliv.). — subsecundum (*Nees*) *Limpr.* f. robusta (teste Warnstorf). rufescens *Nees et Hornsch.* (teste Braithwaite).

longifolium Lesq. (1867). — mendo-cinum *Sulliv. et Lesq.*

macrophyllum Warnst. (1892). — rufes-cens *Nees et Hornsch.*

mesophyllum Warnst. (1892). — inundatum (*Russ.*) *Warnst.* rufescens *Nees et Hornsch.*

microphyllum Warnst. (1892). — sub-secundum (*Nees*) *Limpr.*

montanum Sendtn. (   ). — rufes-cens *Nees et Hornsch.* (verisimi-liter).

subsecundum var. {

obesum Sch. (1876). { crassicladum *Warnst.* / inundatum (*Russ.*) *Warnst.* / obesum *Warnst.*

pseudo-molle Ren. et Card. (1885). — plicatum *Warnst.* ?[1]

rufescens Boulay (1872). — rufescens *Nees et Hornsch.*

serratum Rau et Herv. (1880). — cuspidatum (*Ehrh.*) *Russ. et Warnst.* forma.

simplicissimum Milde (1869). — rufescens *Nees et Hornsch.* forma.

squarrosulum Grav. (   ). — rufescens *Nees et Hornsch.*

strictum Grav. (   ). — rufescens *Nees et Hornsch.*

turgidum C. Müll. (1849). — rufescens *Nees et Hornsch.* an obesum *Warnst.* ?

viride Boulay (1872). — rufescens *Nees et Hornsch.*

187. subtursum C. Müll. (1897). — (*Cymbifolia*).

1897. *subtursum* C. Müll. apud Warnst. Beitr. zur Kenntn. exot. Sph., in *Hedwigia*, 1897, p. 171.

Distrib. — AMÉRIQUE DU SUD. Brésil : Sᵃ-Catharina, Laguna, Campo d'Una (E. Ulo, 1889 ; nᵒˢ 413, 414).

Variété.

squarrosulum Warnst. loc. cit.

subulatum { Brid. (1806). — acutifolium *Ehrh.* / Bruch. (   ). — fimbriatum *Wils.*

188. subundulatum C. Müll. et Warnst. (1897). — (*Cuspidata*).

1897. *subundulatum* C. Müll. et Warnst. apud Warnst. Beitr. zur Kenntn. exot. Sph., in *Hedwigia*, 1897, p. 152.

---

1. Voir la note de la p. 125.

Distrib. — Amérique du Sud. Brésil : Minas Geraës, Serra de Ouro Preto (E. Ule, 1892 ; n° 1298).

sulcatum Warnst. (1891). — plicatum *Warnst.*
Sullivantianum Aust. (1863). — portoricense *Hpe.*

T

tabulare Sulliv. (1846). — molle *Sulliv.* var. tenerum *Braithw.*

189. **tenellum** Klingg. (1872). — (*Acutifolia*).

1855. *rubellum* Wils. Bryol. brit., p. 19, tab. 60.[1]
1858. *acutifolium* var. *tenellum* Sch. Hist. nat. des Sph., p. 64, pl. XIII, fig. γ.
   » *rubellum* Sch. loc. cit., p. 76, pl. XX.
   » *acutifolium* var. *tenellum* Sch. Entw.-Gesch. der Torfm., p. 57, pl. XIII, fig. γ.
   » *rubellum* Sch. loc. cit., p. 70, pl. XX.
1865. *acutifolium* varr. *rubellum* et *tenellum* Russ. Beitr. zur Kenntn. der Torfm., pp. 41 et 44.
1872. *tenellum* Klingg. Beschr. der in Preuss. gef. Art. und Var. der Gatt. Sphagn., in *Schrft. d. phys.-ök. Ges. Königsberg,* 1872, p. 4.
1876. *acutifolium* var. *tenellum* Sch. Syn. Musc. europ. ed. 2, p. 826.

1. C'est évidemment ce nom qui est le plus ancien ; mais l'espèce de Wilson ne comprenait que des formes rouges, et il ne semble guère possible de reprendre le nom de *S. rubellum,* ainsi que l'ont fait MM. Limpricht et Jensen, pour l'appliquer au *S. tenellum* Klingg., qui renferme au moins autant de formes à coloration verte ou jaunâtre que de formes pourprées. D'un autre côté, le nom de *S. tenellum* a le grave inconvénient de prêter à équivoque, en raison de l'existence du *S. tenellum* Ehrh., dénomination encore employée fréquemment pour *S. molluscum* Bruch. On peut, dans ces conditions, se demander s'il ne serait pas préférable d'adopter le nom de *S. Wilsoni,* proposé par M. Röll pour ce groupe de formes.

1876. *rubellum* Sch. loc. cit.

1880. *acutifolium* varr. *rubellum, tenue* et *arctum* Braithw.
The Sphagn., pp. 69, 71 et 73, pl. XIX et XX.

1881. *acutifolium* varr. *tenellum* et *rubellum* Warnst. Die
europ. Torfm., pp. 43 et 44.

1882. *acutifolium* varr. *tenellum* et *rubellum* Husnot, Sphagnol. europ., p. 13.

1884. *rubellum* Lesq. et Jam. Man. of the Moss. of N. Am.,
p. 13.

» *acutiforme* varr. *tenellum* et *rubellum* Warnst. Sphagnol. Rückbl., in *Flora*, 1884.

1885. *rubellum* Limpr. Laubm. I, p. 114.

1886. *Wilsoni* Röll, Zur System. der Torfm., in *Flora*,
1886, *ex parte*.

» *acutifolium* var. *elegans* f. *plumosum* ⎰ (teste Warnst.
Röll, loc. cit.   ⎱ in *Bot. Ver. der*
» *Schimperi* varr. *tenellum* et *gracile* ⎰ *Prov. Brand.*,
Röll, loc. cit.   ⎱ XXX, p. 103).

» *acutifolium* varr. *rubellum* et *tenellum* Card. Sph.
d'Eur., in *Bull. de la Soc. royale de Bot. de Belg.*,
t. XXV, part. I, p. 88 (72).

1887. *nemoreum* Dusén, On Sphagn. Utbredn. Skand.,
p. 30, *ex parte*.

» *acutifolium* varr. *rubellum* et *tenellum* Card. Rév.
des Sph. de l'Am. du Nord, in *Bull. de la Soc. royale
de Bot. de Belg.*, t. XXVI, part. I, p. 53 (15).

1888. *tenellum* Warnst. Die Acutifoliumgruppe der europ.
Torfm., in *Bot. Ver. der Prov. Brand.*, XXX, p. 103,
pl. III, fig. 5, pl. IV, fig. 13, 14 et 15.

1890. *tenellum* Warnst. Contrib. to the knowl. of the N.
Am. Sph., in *Bot. Gaz.*, XV, p. 135.

» *rubellum* Jens. De danske Sph.-Art., in *Bot. Foren.
Festskr.*, 1890, p. 90 (41), pl. 2, fig. 15 et 30, pl. 4, fig. 43.

1891. *tenellum* Venturi, Les Sph. europ., in *Rev. bryol.*,
1891, n° 2, p. 25.

1894. *tenellum* Russ. Zur Kenntniss, etc., pp. 146 et 163.

» — Warnst. Characteristik und Uebers., etc., in *Hedwigia*, 1894, p. 309.

Distrib. — EUROPE. Fréquent dans toute la zone moyenne et septentrionale ; signalé en Islande. S'élève dans l'Engadine jusqu'à 1920 m. et dans les Pyrénées jusqu'à 1550 m. — AMÉRIQUE DU NORD. Labrador, Terre-Neuve, Miquelon, Canada, Nouveau-Brunswick, Anticosti, Nouvelle-Ecosse, Maine, New-Hampshire, Massachusetts, Connecticut, New-Jersey.

Variétés.

arctum *Braithw.* The Sphagn., p. 73 (sub *S. acutifolio*).

flavum *Jens.* apud Warnst. in *Bot. Ver. der Prov. Brand.*, **XXX**, p. 106.

pallescens *Warnst.* in *Bot. Gaz.*, XV, p. 137.

poecilum *Russ.* apud Warnst. Europ. Torfm., n° 241.

purpureum Jens. — var. rubellum *Klingg.*

rubellum *Klingg.* Besch. der in Preus. gef. Art. und Var. der Gatt. Sphagn. (Syn. : var. *purpureum* Jens. De danske Sph.-Art.).

versicolor *Warnst.* in *Bot. Ver. der Prov. Brand.*, XXX, p. 106.

violaceum *Warnst.* loc. cit.

viride *Warnst.* loc. cit.

tenellum {
　Ehrh. (1795).
　Pers. (1796)? } molluscum *Bruch.* [1]
　Hoffm. (1796).
　(Pers.) Nees et Hornsch. (1823). — teres *Angstr.* var. squarrosulum *Warnst.*? an subnitens *Russ. et Warnst.* forma?

190. **tenerum** Warnst. (1890). — (*Acutifolia*).

( ). *acutifolium* var. *tenerum* Aust. in herb.

1890. *tenerum* Warnst. Beitr. zur Kenntn. exot. Sph., in *Hedwigia*, 1890, p. 194, pl. IV, fig. 6ᵃ, 6ᵇ.

---

1. Toutefois, d'après M. Limpricht (*Laubm.* I, p. 129), le *S. tenellum* Pers. mss. et Hoffm. *Deutschl. Fl.*, serait le *S. squarrosulum* Lesq.

1894. *tenerum* Warnst. Characteristik und. Uebers., etc.,
in *Hedwigia*, 1894, p. 310.

Distrib. — EUROPE. Forêt de Fontainebleau, près Paris
(Camus (1892).[1] — AMÉRIQUE DU NORD. New-Jersey
(Austin, 1868) ; Pleasant Mills (Eaton, 1893) ; Connec-
ticut : New-Hawen (Eaton, 1893).

tenerum Sulliv. et Lesq. (1856). — molle *Sulliv.* var. tenerum *Braithw.*

tenue Doz. (1854). — subsecundum *Nees ?*

191. tenuifolium Warnst. (1895). — (*Acutifolia*).

1895. *tenuifolium* Warnst. Beitr. zur Kenntn. exot. Sph.,
in *Allgem. bot. Zeitschr. für System., Flor., Pflanzengeogr., etc.*, 1895, n° 6.

Distrib. — AMÉRIQUE DU NORD. Labrador : Cap Charles
(Waghorne, 1893).

192. teres Angstr. (1861). — (*Squarrosa*).

1823. *tenellum* (Pers.) Nees et Hornsch. Bryol. germ. ?
(Cfr. Warnst. in *Bot. Ver. der Prov. Brand.*, XXXII,
p. 227).

1854. *squarrosulum* Lesq. apud Moug. Nestl. et Sch. Stirp.
Crypt. vog.-rhen., fasc. 14, n° 1305.[2]

1858. *squarrulosum* (errore typographico ?) Sch. Hist. nat.
des Sph., p. 72.

  » *squarrosum* varr. *squarrosulum* et *teres* Sch. Entw.-
Gesch. der Torfm., pp. 63 et 64.

1861. *teres* Angstr. apud Hartm. Skand. Fl. ed. 8, p. 417.

---

1. Cfr. *Bull. Soc. bot. de France*, t. XL, p. 365.
2. Si l'on appliquait strictement la loi de priorité, le *S. teres*
devrait prendre le nom de *S. squarrosulum* Lesq. C'est l'un des
nombreux cas où l'emploi rigoureux du plus ancien nom conduit à
de véritables absurdités ; et je ne pense pas qu'il se trouve jamais
un sphagnologue pour proposer sérieusement d'appeler *S. squarrosulum* une espèce chez laquelle la foliation squarreuse est plutôt
exceptionnelle.

1865. *squarrosum* varr. *squarrosulum* et *teres* Russ. Beitr. zur Kenntn. der Torfm., p. 64.

1872. *porosum* Lindb. in *Oefvers. V. Ak.*, XIX, p. 318, *ut syn.*

1874. *teres* Sulliv. Icon. Musc. Suppl., p. 13, pl. 4.

1876. *squarrosum* varr. *squarrosulum* Sch. Syn. Musc. europ. ed. 2, p. 836.

»   *teres* Sch. loc. cit.

1880. *squarrosum* varr. *squarrosulum, subteres* et *teres* Braithw. The Sphagn., pp. 60 à 62, pl. XV.

1881. *teres* var. *gracile* Warnst. Die europ. Torfm., p. 125.

1882. *squarrosum* varr. *squarrosulum, subteres* et *teres* Husnot, Sphagnol. europ., p. 11.

»   *squarrosum* Lindb. Eur. och. N. Am. hvitmoss., p. 42, *ex parte.*

1883. *squarrosum* var. *fallax* Card. in litt. et sched.

1884.   —   var. *squarrosulum* Lesq. et Jam. Man. of the Moss. of N. Am., p. 16.

»   *teres* Lesq. et Jam. loc. cit.

»   — Warnst. Sphagnol. Rückbl., in *Flora*, 1884.

»   *squarrosum* var. *limbatum* Card. in *Rev. bryol.*, 1884, n° 4, p. 55.

1885. *teres* Limpr. Laubm. I, p. 125.

1886.   — Röll, Zur System. der Torfm., in *Flora*, 1886.

»   — (*species primaria*) Card. Sph. d'Eur., in *Bull. de la Soc. royale de Bot. de Belg.*, t. XXV, part. I, p. 74 (58).

1887. *squarrosum* subsp. 2 *teres* Dusén, On Sphagn. Utbredn. Skand., pp. 22 et 79.

»   *teres* (*species primaria*) Card. Rév. des Sph. de l'Am. du Nord, in *Bull. de la Soc. royale de Bot. de Belg.*, t. XXVI, part. I, p. 52 (14).

1890. *teres* Warnst. Contrib. to the knowl. of the N. Am. Sph., in *Bot. Gaz.*, XV, p. 224.

»   *teres* Jens. De danske Sph.-Art., in *Bot. Foren. Festskr.* 1890, p. 78 (29), pl. 1, fig. 6.

1894. *teres* Russ. Zur Kenntniss, etc., pp. 157 et 166.

1894. *teres* Warnst. Characteristik und Uebers., etc., in *Hedwigia*, 1894, p. 314.

(   ). *squarrosum* var. *tenellum* Bruch mss. in herb. Braun et apud Rabenh. Crypt. Fl. II, p. 74 (teste Warnst. in *Bot. Centralbl.*, 1882, n° 3-5).

Distrib. — EUROPE. Répandu dans toute la zone moyenne et septentrionale ; s'élève dans les montagnes jusqu'à 1500 m. Signalé en Islande et au Spitzberg. — ASIE. Caucase : Svanie, mont Utbiri, 2300-2500 m. ; entre les fleuves Neuskra et Seken, 2100-2200 m. (D' Levier). Sibérie : vallée de l'Iéniséi (Arnell). — AMÉRIQUE DU NORD. Labrador, Miquelon, Canada, Minnesota, Maine, New-Hampshire, Massachusetts, New-Jersey, Idaho, Washington, Californie, Colombie britannique.

Variétés.

compactum *Warnst.* in *Flora,* 1884.

deflexum *Röll*, in *Flora*, 1886.

densum *Röll*, in *Bot. Centralbl.*, 1891, n° 21-22.

elegans *Röll*, in *Flora*, 1886.

Flotowii *Warnst.* in *Flora,* 1883, n° 24.

fuscescens *Jens.* De danske Sph.-Art.

Geheebii *Röll*, in *Flora*, 1886.

gracile *Röll*, loc. cit.

imbricatum *Warnst.* in *Bot. Gaz.*, XV, p. 224.

informe Russ. — var. subsquarrosum *Warnst.* forma.

laxum *Schlleph.* apud Röll, in *Irmisohia*, 1884 (sub *S. squarrosulo*).

ovatum *Warnst.* in *Bot. Centralbl.*, 1882, n° 3-5.

reticulatum *Jens.* De danske Sph.-Art.

robustum *Röll*, in *Flora*, 1886.

squarrosulum *Warnst.* Die europ. Torfm., p. 126 (ut var. *gracile* f. squarrosulum). (Syn. : *S. squarrosulum* Lesq.).

strictum *Card.* Sph. d'Eur.

submersum *Warnst.* in *Hedwigia*, 1884, n° 7-8.

subsquarrosum *Warnst.* in *Hedwigia*, 1888, p. 271. (Syn. : var. *informe* Russ. in litt.).

subteres *Lindb.* apud Braithw. The Sphagn., p. 61 (sub *S. squarroso*).

tenellum *Röll*, in *Bot. Centralbl.*, 1891, n° 21-22.

viride *Jens.* De danske Sph.-Art.

teres Warnst. (1881). | squarrosum *Pers.*
| teres *Angstr.*

teres subsp. *squarrosum* Warnst. (1882). — squarrosum *Pers.*

teres var. ⎰ 1 *squarrosum* Warnst. (1881). — squarrosum *Pers.*
2 *compactum* Warnst. (1881). — squarrosum *Pers.*
3 *gracile* Warnst. (1881). — teres *Angstr.*
concinnum Berggr. (1875). — fimbriatum *Wils.*

Thomsoni C. Müll. (1874). — Junghuhnianum *Doz. et Mlkb.*
Tijucae C. Müll. (   ). — medium *Limpr.*

193. **Tonduzii** Warnst. (1895). — (*Acutifolia*).

1895. *Tonduzii* Warnst. mss. in litt.

Distrib. — Amérique centrale. Costarica : Cuesta de Tarrazu (Ad. Tonduz, 1893).

Torreyanum Sulliv. (1849). — cuspidatum (*Ehrh.*) *Russ. et Warnst.* var. Torreyanum *Lesq. et Jam.*

trachynotum C. Müll. (   ). (*S. leionotum* C. Müll.). — Whiteleggei *C. Müll.*

194. **transvaaliense** C. Müll. (1891). — (*Subsecunda*).

1891. *transvaaliense* C. Müll. apud Warnst. Beitr. zur Kenntn. exot. Sph., in *Hedwigia*, 1891, p. 32, pl. II, fig. 22^a, 22^b, pl. V, fig. q.

Distrib. — Afrique australe. Transvaal : Spitzkop, près de Lydenburg (Dr Wilms, 1888 ; herb. Jack).

195. **trigonum** C. Müll. et Warnst. (1897). — (*Subsecunda*).

1897. *trigonum* C. Müll. et Warnst. apud Warnst. Beitr. zur Kenntn. exot. Sph., in *Hedwigia*, 1897, p. 158.

Distrib. — Amérique du Sud. Brésil (E. Ule, n°s 1632, 1634, 1635, 1636).

Variété.

laxifolium *Warnst.* loc. cit.

trinitense C. Müll. (1849). — cuspidatum *(Ehrh.) Russ. et Warnst.* var. serratum *Lesq. et Jam.*

tristichum Schultz. (1826). — rigidum *Sch.*

196. truncatum Hornsch. (1841). — *(Subsecunda)*.

1841. *truncatum* Hornsch. in *Linnaea*, XV, p. 114.

1849.   —   C. Müll. Syn. I, p. 103.

1891.   —   Warnst. Beitr. zur Kenntn. exot. Sph., in *Hedwigia*, 1881, p. 28, pl. II, fig. 21[a], 21[b], pl. IV, fig. p.

Distrib. — Afrique australe. Cap : lieux humides, Dutoits-kloofberg, vers 940 m. (Drège).

197. tumidulum Besch. (1881). — *(Mucronata)*.

1879. *madegassum* C. Müll. apud Jaeger et Sauerb. Adumbr. Fl. Musc. vol. II *(nomen solum)*.

1881. *tumidulum* Besch. Fl. bryol. de la Réunion, p. 188.

1882. *aculeatum* Warnst. in *Bot. Centralbl.* 1882, p. 97. } (teste Warnst. in *Hedwigia*, 1890, p. 187, et 1891, pp. 128 et 129).

1887. *madegassum* C. Müll. Sph. nov. descript., in *Flora*, 1887, p. 415.

» *Hildebrandtii* C. Müll. loc. cit., p. 420.

» *mucronatum* C. Müll. loc. cit., p. 421 (teste Warnst. in litt. 1895).

1891. *tumidulum* Warnst. Beitr. zur Kenntn. exot. Sph., in *Hedwigia*, 1891, p. 128, pl. XIV, fig. 1[a], 1[b], pl. XX, fig. a, b α, b β.

(   ). *imbricatum* Sch. in herb. kew. (teste Warnst. in *Hedwigia*, 1890, p. 187, et 1891, pp. 128-130). [1]

1. M. Warnstorf *(loc. cit.,* p. 130), fait observer que c'est le nom de *S. imbricatum* Sch. qui est certainement le plus ancien et que, par conséquent, il devrait être adopté, en vertu du droit de priorité, s'il n'existait pas déjà un *S. imbricatum* (Hornsch.) Russ., antérieur à celui de Schimper. Il m'est impossible de partager l'opinion de M. Warnstorf : le *S. imbricatum* de Schimper n'est qu'un *nomen nudum* qui, en aucun cas, ne pourrait supplanter la dénomination

(   ). *pugionatum* C. Müll. in litt.
»   *submucronatum* C. Müll. in {(teste Warnst. in *Hedwigia*, 1897, p. 157).
herb. Vindob.

Distrib. — AFRIQUE. La Réunion (Bory, Richard, Lépervanche, Potier, Rodriguez). Madagascar : Imerina (Hildebrandt, 1880); entre Vinanintelo et Ikongo, et entre Savondronina et Ranomafana (Dr Besson ; herb. Renauld et Cardot); forêt d'Analamazoatra (Borgen, 1882; herb. Kiaer).

Variétés.

macrophyllum *Warnst.* in *Hedwigia*, 1891, p. 129.
microphyllum *Warnst.* loc. cit.

198. turgescens Warnst. (1895). — (*Subsecunda*).

1895. *turgescens* Warnst. apud Broth. Beitr. zur Kenntn. brasil. Moosfl., in *Hedwigia*, 1895, p. 130.
»   *turgescens* Warnst. Beitr. zur Kenntn. exot. Sph., in *Allgem. bot. Zeitschr. für System., Flor., Pflanzengeogr.,* etc., 1895, n° 11.

Distrib. — AMÉRIQUE DU SUD. Brésil : Goyas, Serra dos Pyreneos (E. Ule, 1893; n° 1530; herb. Brotherus).

turgidum Röll (1886). [1] { obesum *Warnst.* { rufescens *Nees et Hornsch.*

tursum C. Müll. (1887). — medium *Limpr.*

de M. Bescherelle, postérieure il est vrai, mais appuyée d'une description. Même le nom de *S. madegassum* C. Müll. (1879), étant resté jusqu'en 1887 à l'état de *nomen nudum*, ne peut prévaloir contre *S. tumidulum* Besch. (1881). Si l'on ne veut pas tomber dans le chaos, il faut appliquer rigoureusement la règle : *nomen nudum, nomen nullum.*

1. M. Röll (in *Flora*, 1886), attribue à son *S. turgidum* les variétés suivantes :

albescens *Röll.*   heterophyllum *Röll.*
compactum *Röll.*   insolitum (*Card.*).
fusco-ater *Röll.*   plumosum (*Warnst.*).
fusco-viride *Röll.*   rufescens (*Nees et Hornsch.*).
gracile (*Warnst.*).   sanguineum *Röll.*

U

199. Uleanum C. Müll. (1887). — (*Subsecunda*).

1887. *Uleanum* C. Müll. Sph. nov. descript., in *Flora*, 1887,
p. 416.

1891. *Uleanum* Warnst. Beitr. zur Kenntn. exot. Sph., in
Hedwigia, 1891, p. 41, pl. III, fig. 33ᵃ, 33ᵇ, pl. V, fig. aa.

1894. *Uleanum* Warnst. Characteristik und Uebers., etc.,
in *Hedwigia*, 1894, p. 325.

Distrib. — Amérique du Sud. Brésil : ile San-Francisco
(E. Ule, 1884).

200. undulatum Warnst. (1894). — (*Cuspidata*).

1894. *undulatum* Warnst. Characteristik und Uebers., etc.,
in *Hedwigia*, 1894, pp. 317 et 334.

1895. *undulatum* Warnst. Beitr. zur Kenntn. exot. Sph.,
in *Allgem. bot. Zeitschr. für System., Flor., Pflanzengeogr., etc.*, 1895, n° 10.

Distrib. — Amérique du Sud. Patagonie, région antarctique
(Cunninghan, 1869 ; herb. Brotherus).

V

201. vancouveriense Warnst. (1894). — (*Acutifolia*).

1894. *vancouveriense* Warnst. Characteristik und Uebers.,
etc., in *Hedwigia*, 1894, pp. 309 et 332.

Distrib. — Amérique du Nord. Ile Vancouver.

variabile Warnst. (1881).
{
cuspidatum (*Ehrh.*) *Russ. et Warnst.*
Dusenii *Jens.*
obtusum (*Warnst.*) *Russ.*
recurvum (*Pal. Beauv.*) *Russ. et
Warnst.*
riparium *Angstr.*
}

variabile subsp. { *intermedium* Warnst. (1882). — recurvum *Pal. Beauv.*
intermedium var. *speciosum* Warnst. (1883). — riparium *Angstr.*

variabile var. { 1 *intermedium* Warnst. (1881). — recurvum *Pal. Beauv.*
1 *intermedium* α *specio-sum* Warnst. (1881). { obtusum (*Warnst.*) *Russ.* riparium *Angstr.*
2 *cuspidatum* Warnst. (1881). { cuspidatum *Ehrh.* Dusenii *Jens.*
2 *cuspidatum* α *majus* (et β *fallax ?*) Warnst. (1881). — Dusenii *Jens.*
cuspidatum f. *strictum* Warnst. (1882). — recurvum (*Pal. Beauv.*) *Russ. et Warnst.* var. mollissimum *Warnst.* forma.

variegatum De Not. in *Mem. Accad. Torino*, XXXVIII, p. 257 (1836). — subsecundum *Nees ?* an rufescens (*Nees et Hornsch.*) *Warnst. ?* (Cfr. Lindberg, Eur. och N. Am. hvitm., p. 29).

202*. violascens C. Müll. (1887). — (*Acutifolia?*).

1887. *violascens* C. Müll. Sph. nov. descript., in *Flora,* 1887, p. 422.

Distrib. — AFRIQUE. Mozambique (B. de Carvalho ; herb. Coimbra).

203. vitianum Sch (   ). — (*Cymbifolia*).

(   ). *vitianum* Sch. mss. in herb kew.

1891.   —   Warnst. Beitr. zur Kenntn. exot. Sph., in *Hedwigia*, 1891, p. 144, pl. XIV, fig. 8ª, 8ᵇ, pl. XXI, fig. 1.

Distrib. — OCÉANIE. Iles Viti (herb. kew).

vulgare Mich. (1803). — cymbifolium *Hedw.*

W

204. Waghornei Warnst. (1894). — *(Cymbifolia)*.

1894. *Waghornei* Warnst. Characteristik und Uebers., etc.,
    in *Hedwigia*, 1894, pp. 329 et 336.

1895. *Waghornei* Warnst. Beitr. zur Kenntn. exot. Sph., in
    Allgem. bot. Zeitschr. für System., Flor., Pflanzengeogr.,
    etc., 1895, n° 12.

Distrib. — AMÉRIQUE DU NORD. Terre-Neuve : New-Har-
    bour (Waghorne, 1893).

205. * Wallisi C. Müll. (1874). — *(Cymbifolia)*.

1874. *Wallisi* C. Müll. in *Linnaea*, 1874, p. 573. [1]

Distrib. — AMÉRIQUE DU SUD. Nouvelle-Grenade : Antioquia,
    Paramo de Sonson, 10-12000 ped. (G. Wallis, 1872).

206. Warnstorfii Russ. (1887). — *(Acutifolia)*.

1788-1865. *acutifolium* Ehrh. et Auct., *ex parte*.

1865. *acutifolium* var. *gracile* Russ. Beitr. zur Kenntn. der
    Torfm., p. 44.

1880. *acutifolium* var. *gracile* Braithw. The Sphagn., p. 71.

1881.   —   —   Warnst. Die europ. Torfm.,
    p. 53.

1884. *acutifolium* var. *gracile* Warnst. Sphagnol. Rückbl.,
    in *Flora*, 1884.

  »   *acutiforme* var. *tenellum* Warnst. loc. cit., *ex parte*.

1885. *acutifolium* var. *Graefii* Schlieph. in litt. (teste Russ.
    in *Sitzungsber. der Dorpat. Naturforsch.-Gesell.*, 1887,
    p. 315).

1886. *Wilsoni* var. *tenellum* f. *purpureum* Röll, Zur System.
    der Torfm., in *Flora*, 1886.

---

1. Cfr. Warnstorf, Beitr. zur Kenntn. exot. Sph., in *Hedwigia*,
1891, p. 169. An *S. medium* Limpr. ?

1886. *acutifolium* var. *gracile* Card. Sph. d'Eur., in *Bull. de la Soc. royale de Bot. de Belg.*, t. XXV, part. I, p. 85 (69), *ex parte ?*

1887. *Warnstorfii* Russ. in *Sitzungsber. der Dorpat. Natur-forsch.-Ges.*, 1887, p. 315. [1]

» *acutifolium* var. *gracile* Card. Rév. des Sph. de l'Am. du Nord, in *Bull. de la Soc. royale de Bot. de Belg.*, t. XXVI, part. I, p. 53 (15) ?

1888. *Warnstorfii* Warnst. Die Acutifoliumgruppe der europ. Torfm., in *Bot. Ver. der Prov. Brand.*, XXX, p. 106, pl. III, fig. 6ᵃ, 6ᵇ, pl. IV, fig. 16ᵃ, 16ᵇ, 17ᵃ, 17ᵇ.

1890. *Warnstorfii* Warnst. Contrib. to the knowl. of the N. Am. Sph., in *Bot. Gaz.*, XV, p. 138.

» *Warnstorfii* Jens. De danske Sph.-Art., in *Bot. Foren. Festskr.*, 1890, p. 89 (40), pl. 2, fig. 14 et 31.

1891. *Warnstorfii* Venturi, Les Sph. europ., in *Rev. bryol.* 1891, nᵒ 2, p. 26.

1894. *Warnstorfiii* Russ. Zur Kenntniss, etc., pp. 147 et 163.

» — Warnst. Characteristik und Uebers., etc., in *Hedwigia*, 1894, p. 309.

Distrib. — EUROPE. Russie, Finlande, Laponie, Suède, Danemark, Allemagne, Styrie, Tyrol, Suisse ; France : au Mont-Dore (Lamy, fide Camus; Musci Galliae, nᵒ 625); Belgique ? Iles-Britanniques. S'élève jusqu'à 2400 m. dans l'Engadine. — AMÉRIQUE DU NORD. Labrador, Terre-Neuve, Miquelon, Massachusetts, New-Hampshire, Vermont, Connecticut, Minnesota, Montana, montagnes Rocheuses (4500 ped.), Alaska.

---

1. On doit regretter que M. Russow, en créant, en 1887, son *S. Warnstorfii*, n'ait pas tenu compte de l'existence du *S. Warnstorfii* Röll (1886). Bien que cette dernière espèce n'ait pas été admise par MM. Warnstorf et Russow, M. Röll n'en est pas moins en droit de revendiquer la priorité pour ce nom, et il y a là une source de conflits inévitables.

Variétés.

flavescens *Warnst.* Europ. Torfm., n° 239.

pallescens *Warnst.* loc. cit., n° 240.

purpurascens *Russ.* in litt. et apud Warnst. in *Bot. Gaz.*, XV, p. 140.

versicolor *Russ.* loc. cit.

viride *Russ.* loc. cit.

Warnstorfii Röll (1886)[1].
{ acutifolium (*Ehrh.*) *Russ.* et *Warnstorf.*
Girgensohnii *Russ.*
quinquefarium *Warnst.*
robustum *Röll* (*extens.*). } (teste Warnstorf).

207. Weberi Warnst. (1890). — (*Cuspidata*).

1890. *Weberi* Warnst. Beitr. zur Kenntn. exot. Sph., in *Hedwigia*, 1890, p. 217, pl. VIII, fig. 1, 2, et pl. X, fig. 2.

Distrib. — OCÉANIE. Iles Samoa. 1400 m. (Weber; herb. Mus. Berlin).

208. Weddelianum Besch. (1877). — (*Cymbifolia*).

1877. *Weddelianum* Besch. mss. in herb. Mus. Paris.

»   *pseudo-rigidum* Besch. mss. loc. cit. (teste Warnstorf).

---

1. M. Röll (in *Flora*, 1886) attribue à son *S. Warnstorfii* les variétés suivantes, dont j'indique la synonymie d'après M. Warnstorf :

auriculatum (*Warnst.*) = *S. robustum* Röll, extens.

fallax (*Warnst.*) = { *S. Girgensohnii* Russ. *S. robustum* Röll, extens.

fibrosum (*Warnst.*) = *S. Girgensohnii* Russ.

fimbriatum (*Warnst.*) = *S. robustum* Röll, extens.

pallens (*Warnst.*) = { *S. Girgensohnii* Russ. *S. quinquefarium* Warnst.

patulum (*Sch.*) = *S. aculifolium* (Ehrh.) Russ. et Warnst.

polyphyllum (*Warnst.*) = *S. robustum* Röll, extens.

pseudo-pallens *Röll* = quid ?

pseudo-patulum *Röll* = *S. quinquefarium* Warnst.

pseudo-strictiforme *Röll* = *S. robustum* Röll, extens.

strictiforme (*Warnst.*) = *S. robustum* Röll, extens.

strictum *Röll* = *S. robustum* Röll, extens.

subfibrosum *Röll* = *S. Girgensohnii* Russ.

tenellum *Röll* = *S. robustum* Röll, extens.

1891. *Weddelianum* Warnst. Beitr. zur Kenntn. exot. Sph.,
in *Hedwigia*, 1891, p. 163, pl. XVIII, fig. 28ª, 28ᵇ,
pl. XIX, fig. 28ª, pl. XXIV, fig. ii, kk.

1894. *Weddelianum* Warnst. Characteristik und Uebers.,
etc., in *Hedwigia*, 1894, p. 331.

(   ). *margaritaceum* C. Müll. in litt. (teste Warnstorf, in
litt. 1895).

Distrib. — AMÉRIQUE DU SUD. Brésil : Minas Geraes, Caraça
(Wainio, 1885; herb. Brotherus); Morro de Saô Sebas-
tiaô prope Ouro Preto (W. Schwacke, n° 9070); S.
Paulo (G. Perdonnet); Santa Catharina, Serra Geral
(E. Ule, 1891; n° 1107); Serra de Ouro Preto (E. Ule,
1892; n° 1300); Serra do Itatiaia (E. Ule, 1894;
nᵒˢ 1761, 1762). Pérou : Carabaya (Weddel, 1847; herb.
Bescherelle et herb. Mus. Paris).

Variétés.

fuscescens *Warnst.* in *Hedwigia*, 1891, p. 163.
pallescens *Warnst.* loc. cit.

209. ***Wheeleri** C. Müll. (1887). — (*Rigida ?*).

1887. *Wheeleri* C. Müll. Sph. nov. descript., in *Flora*, 1887,
p. 416.

Distrib. — OCÉANIE. Iles Hawaï (Wheeler, 1879; herb.
Geheeb).

210. **Whiteleggei** C. Müll. (1887). — (*Cymbifolia*).

1887. *Whiteleggei* C. Müll. Sph. nov. descript., in *Flora*,
1887, p. 408.

»   *leionotum* C. Müll. loc. cit. (teste Warnst., in *Hedwigia*, 1891, p. 154).

1891. *Whiteleggei* Warnst. Beitr. zur Kenntn. exot. Sph.,
in *Hedwigia*, 1891, p. 154, pl. XVII, fig. 22ª, 22ᵇ, 22ᶜ,
pl. XXIII, fig. aa, bb, cc.

(   ). *trachynotum* C. Müll. in coll. Helms, n° 44 (teste
C. Müller, in *Flora*, 1887, p. 408, ut syn. *S. leionoti*).

» *pachycladum* C. Müll. mss. in herb. Geheeb (teste Warnst. in *Hedwigia*, 1891, p. 154).

Distrib. — OCÉANIE. Australie, Nouvelle-Galles du Sud : Blue Mountains, Lawson (Whitelegge, 1884); Bunip Creek (Müller, 1854); Victoria : mt Kosciusko (Müller, 1854 ; herb. Melbourne); Sydney (mrs Kayser ; herb. Geheeb); Braidwood district (W. Bäuerlen, 1884 ; herb. Melbourne); Australie méridionale (miss Flora Campbell; herb. Brotherus). Nouvelle-Zélande : île australe, près de Greymouth (R. Helms, 1885); Middle island (herb. Mitten).

211. * **Wilcoxii** C. Müll. (1887). — (*Cymbifolia*).

1887. *Wilcoxii* C. Müll. Sph. nov. descrip., in *Flora*, 1887, p. 407.

Distrib. — AUSTRALIE. Nouvelle-Galles du Sud : Clarence River (Wilcox, 1875 ; herb. Melbourne).

Wilsoni Röll (1886)[1].
{
acutifolium (*Ehrh.*) *Russ.* et *Warnst.*
robustum *Röll* (extens.).
tenellum *Klingg.*
Warnstorfii *Russ.*
} (teste Warnstorf).

Wolfianum (ex errore) Sulliv. (1874). — Wulfianum *Girg.*

212. * **Wrightii** C. Müll. (1887). — (*Cymbifolia*).

1887. *Wrightii* C. Müll. Sph. nov. descript., in *Flora*, 1887, p. 411.

---

1. M. Röll (in *Flora*, 1886, et in *Bot. Centralbl.*, 1891) rapporte à son *S. Wilsoni* les variétés suivantes :

atroviride (*Schlieph.*) = S. acutifolium (Ehrh.) Russ. et Warnst.

pulchellum (*Warnst.*) = S. acutifolium (Ehrh.) Russ. et Warnst.

quinquefarium *Röll*, in *Bot. Centralbl.*, 1891, n° 21-22.

roseum (*Limpr.*) = S. robustum Röll, extens.

rubellum (*Wils.*) = S. tenellum Klingg.

tenellum (*Sch.*) = S. tenellum Klingg.

(   ). *cymbifolium* Sulliv. in Musci cubens. ⎫
     Wright., n° 1.   ⎪ (teste C. Müller,
  » *guadalupense* var. *elongata* Sch. in ⎬   loc. cit.).
     herb.   ⎭

Distrib. — ANTILLES. Cuba (Ch. Wright); Guadeloupe
     (L'Herminier).

213. **Wulfianum** Girgens. (1860). — (*Polyclada*).

1860. *Wulfianum* Girgens. in *Archiv. für Naturk. Liv.-Est.-
     und Kurl.*, Ser. 2, Bd. 2, p. 173.
1864. *pycnocladum* Angstr. in *Oefvers. Vet. Ak. förh.* XXI,
     p. 202.
1865. *Wulfianum* Russ. Beitr. zur Kenntn. der Torfm., p. 66.
1872. *Wulfii* Lindb. Contrib., p. 264, *in nota*.
1874. *Wolfianum* Sulliv. (*ex errore*) Icon. Musc. Suppl., p. 18,
     pl. 9.
1876. *Wulfianum* Sch. Syn. Musc. europ. ed. 2, p. 838.
1880. *Wulfii* Braithw. The Sphagn., p. 75, pl. XXII.
1881. *Wulfianum* Warnst. Die europ. Torfm., p. 55.
1882.   —   Husnot, Sphagnol. europ., p. 11.
  » *Wulfii* Lindb. Eur. och N. Am. hvitmoss., p. 57.
1884. *Wulfianum* Lesq. et Jam. Man. of the Moss. of N.
     Am., p. 16.
  » *Wulfii* Warnst. Sphagnol. Rückbl., in *Flora*, 1884.
1885. *Wulfianum* Limpr. Laubm. I, p. 118.
1886. *Wulfii* Röll, Zur System. der Torfm., in *Flora*, 1886.
  » *Wulfianum* Card. Sph. d'Eur., in *Bull. de la Soc.
     royale de Bot. de Belg.*, t. XXV, part. I, p. 92 (76).
1887. *Wulfianum* Dusén, On Sphagn. Utbredn. Skand.,
     pp. 33 et 90.
  » *Wulfianum* Card. Rév. des Sph. de l'Am. du Nord,
     in *Bull. de la Soc. royale de Bot. de Belg.*, t. XXVI,
     part. I, p. 54 (16).
1890. *Wulfianum* Warnst. Contrib. to the knowl. of the
     N. Am. Sph., in *Bot. Gaz.*, XV, p. 225.

1894. *Wulfianum* Russ. Zur Kenntniss, etc., pp. 159 et 167.

   »   —   Warnst. Characteristik und Uebers., etc., in *Hedwigia*, 1894, p. 319.

(   ). *cuspidatum* var. *patens* Angstr. mss. (teste Lindberg, in *Oefvers. Vet. Ak. förh.*, XIX, p. 137, in obs.).

Distrib. — EUROPE. Régions septentrionale et orientale : Russie : gouvernement de Moscou, de Twer et de Wologda ; Esthonie, Livonie, Finlande, Laponie et Suède. — ASIE. Sibérie, vallée de l'Iéniséï (Arnell). — AMÉRIQUE DU NORD. Groenland, Canada, Maine, New-Hampshire, Vermont, Massachusetts, New-York, Minnesota, Wisconsin, île Vancouver.

Variétés.

robustum *Russ.* apud Warnst. Europ. Torfm., n°ˢ 103 à 107.

squarrosulum *Russ.* Beitr. zur Kenntn. der Torfm.

versicolor *Warnst.* in *Bot. Gaz.*, XV, p. 225.

viride *Warnst.* loc. cit.

Wulfii Lindb. (1872). — Wulfianum *Girgens.*

X

214. **xerophilum** Warnst. (1897). — (*Subsecunda*).

1897. *xerophilum* Warnst. Beitr. zur Kenntn. exot. Sph., in *Hedwigia*, 1897, p. 167.

Distrib. — AMÉRIQUE DU NORD. Alabama : Mobile (C. Mohr, 1893 ; herb. Eaton).

Z

215. **Zickendrathii** Warnst. (1895). — (*Cuspidata*).

1895. *Zickendrathii* Warnst. in litt.

Distrib. — EUROPE. Russie : gouvernement de Moscou, à Butirki (Zickendrath, 1894).

———o———

ADDENDA [1]

BIBLIOGRAPHIE

1886. — **P. de Loynes.** Les Sphagnum de la Gironde (actes Soc. Linn. de Bordeaux, XL, 1886).

1893. — **C. Warnstorf.** Characteristik und Uebersicht der europäischen Torfmoose nach dem heutigen Standpunkte der Sphagnologie (1893). (Schrift. d. naturw. Vereins d. Harzes in Wernigerode, VIII, 1893). [2]

1896. — **H. N. Dixon.** The Student's Handbook of British Mosses.

»   **C. Warnstorf.** Die Moor-Vegetation der Tucheler Heide, mit besonderer Berücksichtigung der Moose. (Schriften der Naturforschenden Gesellschaft in Danzig. N. F., Bd. IX, Heft 2, 1896).

»   **L. Bureau et F. Camus.** Quatre Sphagnum nouveaux pour la flore française et liste des espèces françaises du genre Sphagnum. (Bull. de la Soc. bot. de France, 1896, pp. 518-523).

1897. — **J. Röll.** Beiträge Zur Moosflora von Nord-Amerika (Hedwigia, 1897).

»   **C. Warnstorf.** Beiträge Zur Kenntniss exotischer Sphagna. (Hedwigia, 1897).

»   **H. de Poli.** Les Sphagnum de l'île de la Rénnion. (Revue bryologique, 1897, n° 4).

Obs. — MM. Bureau et Camus (*Bull. de la Soc. des Sc. nat. de l'Ouest,* t. VI, p. 277), font remarquer que le mémoire de M. Roll : Ueber die Warnstorf'sche Acutifoliumgruppe der europäischen Torfmoose, a été publié dans le *Bot. Centralblatt,* en 1890, n°ˢ 21 à 25, et non en 1889, n° 21, comme le porte par erreur le tirage à part. De même le travail de M. Warnstorf sur le *Sphagnum degenerans,* publié dans le même recueil, est de 1890, et non de 1889, ainsi qu'il est indiqué, également par erreur, sur le tirage à part.

---

1. Afin de rendre ce Répertoire aussi complet que possible, j'ajoute ici quelques omissions et tous les renseignements nouveaux qui me sont parvenus pendant l'impression, jusqu'à la date du 1ᵉʳ octobre 1897.

2. Je regrette de ne pas avoir eu connaissance de ce mémoire, dont j'apprends seulement l'existence par l'Index bibliographique publié par MM. Bureau et Camus dans leur ouvrage sur les Sphaignes de Bretagne (*Bull. de la Soc. des Sc. nat. de l'Ouest,* t. VI).

CATALOGUE

(3). acutifolium var. flavo-glaucescens *Warnst.* in *Schrift. der Natur-*
    forsch. Gesellsch. in Danzig, N. F., Bd. IX, Heft 2, 1896, p. 153.
» acutifolium var. fusco-glaucescens *Warnst.* loc. cit., p. 154.
       —   var. pallido-glaucescens *Warnst.* loc. cit., p. 154.
       —   var. polycladum *Card.* Sph. d'Eur.

affine Angstr. — perforatum *Warnst.* (teste Warnstorf, in
    Hedwigia, 1897, p. 169).

(17). batumense *Warnst.* in *Schrift. der Naturforsch. Gesellsch.*
    in Danzig, N. F., Bd. IX, Heft 2, 1896, p. 160.

(21). Beyrichianum *Warnst.* Beitr. zur Kenntn. exot. Sph.,
    in *Hedwigia*, 1897, p. 157.

brachybolax C. Müll. mss. — (*Cymbifolia*). — Brésil : Rio
    grande do Sul (A. Kunert, 1888). — Cfr. Warnstorf, in
    Hedwigia, 1897, p. 175.

216. brachycladum C. Müll. (1897). — (*Cymbifolia*).

1897. *brachycladum* C. Müll. apud Warnst. Beitr. zur
    Kenntn. exot. Sph., in *Hedwigia*, 1897, p. 170.

Distrib. — AMÉRIQUE DU SUD. Brésil : Santa Catharina,
    Serra do Mas, « in palude inter Boa Vista et Saô José »
    (E. Ule, 1886; herb. C. Müller).

(27). brasiliense *Warnst.* — Brésil : Minas Geraës, Serra
    de Caraça (E. Ule, 1892; n°ˢ 1047, 1299); Serra do
    Itatiaia (E. Ule, n°ˢ 1290 ex parte, 1291).

(31). carneum *C. Müll. et Warnst.* — Warnst. Beitr. zur
    Kenntn. exot. Sph., in *Hedwigia*, 1897, p. 145. —
    Brésil : Ouro Preto (E. Ule, 1892 ; n°ˢ 1289, 1290
    ex parte).

(32). centrale *Arnell et Jensen.* — Le Simplon (Camus).
       —   var. glaucescens *Russ.* apud Warnst. in *Schrift.*
             der Naturforsch. Gesellsch. in Danzig, N. F.,
             Bd. IX, Heft 2, 1896, p. 162.
       —   var. flavo-fuscescens *Russ.* apud Warnst. loc. cit.
       —   var. fuscescens *Russ.* apud Warnst. loc. cit.
       —   var. pallescens *Warnst.* loc. cit.

(38). Cordemoyi *Warnst.* Beitr. zur Kenntn. exot. Sph., in *Hedwigia,* 1897, p. 150. — La Réunion (Dʳ J. de Cordemoy ; herb. Bescherelle).

cuspidatifolium C. Müll. (Ubi ?). — trinitense *C. Müll.* (Verisimiliter. Cfr. Warnstorf, in *Hedwigia,* 1897, p. 156).

(45). cuspidatum (*Ehrh.*) *Russ. et Warnst.* — Japon : Nagasaki et Shuzensi (Faurie ; herb. Mus. Paris).

(48). cymbifolium var. flavo-glaucescens *Russ.* apud Warnst. in Schrift. der Naturforsch. Gesellsch. in Danzig, N. F., Bd. IX, Heft 2, 1896, p. 160.
— var. fusco-glaucescens *Warnst.* loc. cit., p. 161.
— var. fusco-pallens *Warnst.* loc. cit., p. 161.
— var. glauco-pallens *Warnst.* loc. cit., p. 161.

(51). densum *C. Müll. et Warnst.* — Warnst. Beitr. zur Kenntn. exot. Sph., in *Hedwigia,* 1897, p. 147. — Brésil : Serra do Itatiaia, 2200 m. (E. Ule, 1894 ; n° 1743).

217. ellipticum C. Müll. et Warnst. (1897). — (*Subsecunda*).

1897. *ellipticum* C. Müll. et Warnst. apud Warnst. Beitr. zur Kenntn. exot. Sph., in *Hedwigia,* 1897, p. 165.

Distrib. — Amérique du Sud. Brésil : Serra do Itatiaia, 2300 m. (E. Ule, 1894 ; n° 1752).

(57). erythrocalyx var. laeve *Warnst.* — Brésil : Santa Catharina, Serra Geral (E. Ule, 1891 ; n° 1106); Serra do Itatiaia, 2100 m. (E. Ule, 1894 ; n° 1758).

Feae C. Müll. — cuspidatulum *C. Müll.* (teste Warnstorf, in *Hedwigia,* 1897, p. 156).

(67). fuscum var. virescens *Russ.* apud Warnst. in *Schrift. der Naturforsch. Gesellsch. in Danzig,* N. F., Bd. IX, Heft. 2, 1896, p. 154.

(70). Girgensohnii *Russ.* — Alaska (Howell).

(72). gracilescens *Hpe.* — Brésil : Santa Catharina, Serra Geral (E. Ule, 1891 ; n° 1108); Serra do Itatiaia, 2000-2300 m. (E. Ule, 1894 ; nᵒˢ 1751, 1753).

» gracilescens var. minutulum *C. Müll et Warnst.* apud Warnst. in *Hedwigia,* 1897, p. 169 (E. Ule, n° 1751).

218.* **gracilum** C. Müll. (1897). — (*Cymbifolia*).

1897. *gracilum* C. Müll. Prodr. bryol. boliv., in *Nuov. Giorn. bot. ital.*, IV, p. 7.

Distrib. — AMÉRIQUE DU SUD. Bolivie : Choquecamata, prov. de Cochabamba, alt. 10-12000 pieds (Germain, 1889).

(78). imbricatum (*Hsch.*) *Russ.* — France : Loire-Inférieure, marais de Logné près Sucé (Bureau et Camus).

» imbricatum var. glaucum *Röll*, in *Hedwigia*, 1887, p. 54.

(79). inundatum (*Russ.*) *Warnst.* — Warnst. in *Schrift. der Naturforsch. Gesellsch. in Danzig*, N. F., Bd. IX, Heft 2, 1896, p. 159.

219. **Itacolumitis** C. Müll. et Warnst. (1897). — (*Cymbifolia*).

1897. *Itacolumitis* C. Müll. et Warnst. apud Warnst. Beitr. zur Kenntn. exot. Sph., in *Hedwigia*, 1897, p. 172.

Distrib. — AMÉRIQUE DU SUD. Brésil : Itacolumi (E. Ule, 1892, n° 1302).

(82). Itatiaiae *C. Müll. et Warnst.* — Warnst. Beitr. zur Kenntn. exot. Sph., in *Hedwigia*, 1897, p. 146. — Brésil : Serra do Itatiaia, 2000-2300 m. (E. Ule, 1894 ; n°ˢ 1741, 1742).

Kegelianum C. Müll. mss. — (*Cymbifolia*). — Surinam (Kegel). — Cfr. Warnstorf, in *Hedwigia*, 1897, p. 175.

Klinggraeffii Röll, in *Hedwigia*, 1897, pp. 57-60. — cymbifolium (*Hedw.*) *Warnst.* var. squarrosulum *N. et H.* (*S. glaucum* Klingg.).

(87). laceratum *C. Müll. et Warnst.* — Warnst. Beitr. zur Kenntn. exot. Sph., in *Hedwigia*, 1897, p. 149. — Brésil : Minas Geraës, Serra de Caraça, 1650 m. (E. Ule, 1892 ; n° 1294).

(90). lancifolium *C. Müll. et Warnst.* — Warnst. Beitr. zur Kenntn. exot. Sph., in *Hedwigia*, 1897, p. 154. —

Australie : Nouvelle-Galles du Sud : Sydney (J. Whitelegge, 1883 ; herb. C. Müller).

(91). Langloisii *Warnst.* Beitr. zur Kenntn. exot. Sph., in *Hedwigia,* 1897, p. 166.

220. * **lonchocladum** C. Müll. (1896). — *(Cymbifolia).*

1896. *lonchocladum* C. Müll. Bryol. hawaiica, in *Flora,* 1896, p. 436.

Distrib. — OCÉANIE. Iles Hawaï (Dr W. Hillebrand).

(95). lonchophyllum *C. Müll.* — Warnst. Beitr. zur Kenntn. exot. Sph., in *Hedwigia,* 1897, p. 152. — Brésil : Santa Catharina, Serra Geral (E. Ule, 1891 ; n° 1105).

221. **longistolo** C. Müll. (1897). — *(Cymbifolia).*

1897. *longistolo* C. Müll. apud Warnst. Beitr. zur Kenntn. exot. Sph., in *Hedwigia,* 1897, p. 169.

Distrib. — AMÉRIQUE DU SUD. Brésil : Rio-de-Janeiro (E. Ule, 1891 ; n° 1227).

(104). medium var. flavo-glaucescens *Russ.* apud Warnst. in *Schrift. der Naturforsch. Gesellsch. in Danzig,* N. F., Bd. IX, Heft 2, 1896, p. 164.
— var. glaucescens *Russ.* apud Warnst. loc. cit., p. 163.
— var. glauco-purpurascens *Russ.* apud Warnst. loc. cit., p. 163.

(105). mendocinum var. recurvum *Röll,* in *Hedwigia,* 1897, p. 62.

222. **minutulum** C. Müll. et Warnst. (1897). — *(Subsecunda).*

1897. *minutulum* C. Müll. et Warnst. apud Warnst. Beitr. zur Kenntn. exot. Sph., in *Hedwigia,* 1897, p. 166.

Distrib. — AMÉRIQUE DU SUD. Brésil : Serra do Itatiaia, 2100 m. (E. Ule, 1894 ; n° 1749).

(110). mirabile *C. Müll. et Warnst.* — Warnst. Beitr. zur Kenntn. exot. Sph., in *Hedwigia,* 1897, p. 160. — Brésil : Minas Geraës, Caraça (E. Ule, 1892 ; n° 1287).

(115). molluscum *Bruch.* — Japon : près de Tsurugizan (Faurie ; herb. Mus. Paris).

(118). nitidulum *Warnst.* — Card. The Mosses of the Azores, in *Eight annual Report of the Missouri bot. Gard.*, 1897, p. 72 (nomen solum).

223. ouropretense C. Müll. et Warnst. (1897). — (*Cymbifolia*).

1897. *ouropretense* C. Müll. et Warnst. apud Warnst. Beitr. zur Kenntn. exot. Sph., in *Hedwigia*, 1897, p. 172.

Distrib. — AMÉRIQUE DU SUD. Brésil : Serra de Ouro Preto (E. Ule, 1892 ; n° 1288).

(128). ovalifolium *Warnst.* — Brésil : Ouro Preto (E. Ule, 1892 ; n° 1290 *ex parte*) ; Minas Geraës, Caraça (E. Ule, n°ˢ 1295, 1303).

  » ovalifolium var. robustior *Warnst. et C. Müll.* apud Warnst., in *Hedwigia*, 1897, p. 168 (E. Ule, n° 1295).

    — var. tenuissimum *Warnst. et C. Müll.* apud Warnst. loc. cit. (E. Ule, n° 1303).

(131). oxyphyllum var. nanum *C. Müll. et Warnst.* — Warnst., in *Hedwigia*, 1897, p. 150. — Brésil : Santa Catharina, Campo de Jaguarone, Laguna (E. Ule, 1889 ; n° 416, in herb. C. Müller).

(134). papillosum *Lindb.* — Japon : Tsurugizan (Faurie, 1894 ; herb. Mus. Paris).

(137). perforatum *Warnst.* — Brésil : Minas Geraës, Serra de Caraça (E. Ule, 1892 ; n° 1296) ; Serra do Itatiaia, 2000 m. (E. Ule, 1894 ; n° 1757).

(140). platyphylloides *Warnst.* — Brésil : Serra do Itatiaia, 2100 m. (E. Ule, 1894 ; n° 1755).

(141). platyphyllum var. molluscum *Röll*, in *Hedwigia*, 1897, p. 63.

(144). pseudo-acutifolium *C. Müll. et Warnst.* — Warnst. Beitr. zur Kenntn. exot. Sph., in *Hedwigia*, 1897, p. 148. — Brésil : Serra do Itatiaia, 2000 m. (E. Ule, 1894 ; n° 1745).

224. **pumilum** C. Müll. et Warnst. (1897). — (*Subsecunda*).

1897. *pumilum* C. Müll. et Warnst. apud Warnst. Beitr. zur Kenntn. exot. Sph., in *Hedwigia*, 1897, p. 163.

Distrib. — AMÉRIQUE DU SUD. Brésil : Serra do Itatiaia, 2400 m. (E. Ule, 1894 ; n° 1750).

(162). rivulare *Warnst.* Beitr. zur Kenntn. exot. Sph., in *Hedwigia*, 1897, p. 160. — Brésil : Minas Geraës, Itacolumi (W. Schwacke, 1894 ; herb. Brotherus).

(163). robustum *Röll.* — Sibérie occidentale (Wainio, 1880).

(164). rotundatum *C. Müll. et Warnst.* — Warnst. Beitr. zur Kenntn. exot. Sph., in *Hedwigia*, 1897, p. 161. — Brésil : Serra do Itatiaia, 2100 m. (E. Ule, 1894 ; n° 1760).

(165). rotundifolium *C. Müll. et Warnst.* — Warnst. Beitr. zur Kenntn. exot. Sph., in *Hedwigia*, 1897, p. 159. — Brésil : Serra do Itatiaia, 2100 m. (E. Ule, 1894 ; n° 1756).

(166). rufescens (*N. et H.*) *Warnst.* — Warnst. in *Schrift. der Naturforsch. Gesellsch. in Danzig*, N. F., Bd. IX, Heft 2, 1896, p. 159.

(168). Scortechinii *C. Müll.* — Warnst. Beitr. zur Kenntn. exot. Sph., in *Hedwigia*, 1897, p. 153. — Australie : Queenland, Rever (B. Scortechini ; herb. C. Müller).

(176). squarrosum *Pers.* — Japon : Tsurugizan (Faurie).

subbrachycladum C. Müll. mss. — (*Cymbifolia*). — Brésil : Santa Catharina, Serra do Oratorio (E. Ule, 1891 ; n° 819).—Cfr. Warnstorf, in *Hedwigia*, 1897, pp. 174-175.

(181). subcuspidatum *C. Müll. et Warnst.* — Warnst. Beitr. zur Kenntn. exot. Sph., in *Hedwigia*, 1897, p. 155. — Nouvelle-Zélande : Otago, lac Fe Anau (Beckett, 1892).

suberythrocalyx C. Müll. mss. — (*Cymbifolia*). — Brésil :

Santa Catharina (E. Ule, 1887, n° 410). — Cfr. Warnstorf, in *Hedwigia*, 1897, pp. 174-175.[1]

225. submolliculum Warnst. (1897). — (*Subsecunda*).

1897. *submolliculum* Warnst. Beitr. zur Kenntn. exot. Sph., in *Hedwigia*, 1897, p. 164.

Distrib. — OCÉANIE. Tasmanie : Kelly's Basin (J. B. Moore, 1893); Port Esperance (W. A. Weymouth, 1892). Herb. Brotherus.

(182). subnitens *Russ. et Warnst.* — Japon : Hakodate, Yezo (J. Matsumura; herb. Mus. Paris). Alaska (Howell).

(183). subovalifolium *C. Müll. et Warnst.* — Warnst. Beitr. zur Kenntn. exot. Sph., in *Hedwigia*, 1897, p. 162. — Brésil : Serra do Itatiaia, 2300 m. (E. Ule, 1894 ; n° 1754).

subpulchricoma C. Müll. — recurvum var. mucronatum *Russ.* (teste Warnstorf, in *Hedwigia*, 1897, p. 156).

(189). tenellum var. pallido-glaucescens *Warnst.* in *Schrift. der Naturforsch. Gesellsch. in Danzig*, N. F. Bd. IX, Heft 2, 1896, p. 154.

teres var. *laxum* Dixon, Handbook of brit. Mosses, p. 14 (1896). — fimbriatum *Wils.* var. robustum *Braithw.*

trachyacron C. Müll. mss. — (Nouvelle-Zélande ; leg. Beckett). — Whiteleggei *C. Müll.* (verisimiliter). — Cfr. Warnstorf, in *Hedwigia*, 1897, p. 175.

226. tricladum Warnst. (1897). — (*Acutifolia*).

1897. *tricladum* Warnst. in litt.

Distrib. — AMÉRIQUE CENTRALE. Guatemala : Todos Santos, 10,000 ped. (E. W. Nelson, 1895).

---

1. En 1891 (*Hedwigia.* 1891, pp. 156 et 158), M. Warnstorf rapportait cette forme au S. *erythrocalyx* Hpe; mais il déclare maintenant que le fragment qu'il a examiné est insuffisant pour lui permettre de porter un jugement définitif sur cette Sphaigne. Il en est de même des S. *subbrachycladum, Kegelianum* et *brachybolax* du même auteur.

227. turfaceum Warnst. (1896). — (*Cymbifolia*).

1896. *turfaceum* Warnst, Die Moor-Vegetation der Tucheler
Heide, in *Schrift. der Naturforsch. Gesellsch. in Danzig*,
N. F., Bd. IX, Heft 2, 1896, pp. 161 et 165.
Distrib. — EUROPE. Allemagne : Tuchel (Warnstorf).

228. vesiculare C. Müll. et Warnst. (1897). — (*Cymbifolia*).

1897. *vesiculare* C. Müll. et Warnst. apud Warnst. Beitr.
zur Kenntn. exot. Sph., in *Hedwigia*, 1892, p. 173.
Distrib. — AMÉRIQUE DU SUD. Brésil : Itacolumi (E. Ule,
1892 ; n° 1301).

(206). Warnstorfii var. flavo-glaucescens *Warnst.* in *Schrift. der
Naturforsch. Gesellsch. in Danzig*, N. F.,
Bd. IX, Heft 2, 1896, p. 154.
— var. virescens *Russ.* apud Warnst. loc. cit.

ERRATA

(La page 3 de ce tirage à part correspond à la p. 235 du tome X du
Bulletin de la Société d'Histoire naturelle d'Autun.)

Autun. — Imp. Dejussieu.